▲ 北京市外事職高培訓中心是中國第一個正式培訓茶藝師的單位

▼ 天下茶人是一家，沒有國家和地區的分別，兩岸茶人相聚合影
2004 年中華茶人聯誼會赴台考察團與台灣茶界同仁合影留念

◀ 海峽兩岸茶人茶藝論壇在北京

◀ 茶藝論壇探討茶藝教育的發展方向

◀ 海峽兩岸茶人茶藝論壇在天津

▶ 已經連續舉辦11屆的上海國際茶文化節是中華茶人相聚的最好時刻

▶ 北京首次舉辦的國際茶文化展覽會（1998年）

▶ 北京市外事職高是中國第一個設置茶藝專業及學生實習茶藝館的學校，遲銘校長（中）陪同作者視察正在修建的茶藝館

◀北京外事職高遲銘校長（右）來台灣訪問——品嚐苦茶

◀遲銘校長（右）來台灣訪問——到天仁茗茶公司品茶

◀遲銘校長（左）接待來自日本的茶人藤井真紀子（中）及李德義（右）

◀三味書屋附設茶寮是大陸最早的人文茶藝館

▶作者訪世界茶文化的發源地：四川蒙頂山智矩寺——與茶技表演人合演

◀ 當代茶聖吳覺農夫人（左三），茶人向其請安

◀ 中央人民廣播電台茶人記者盛志耘（左）訪問作者

◀ 中央人民廣播電台駐台灣記者盛志耘女士（左二）採訪新竹縣議員黃洸洲先生（左一）

▶ 1998 年中國首次頒發茶藝師證書

▶ 北京外事職高年輕茶人

▶ 茶人雅集在北京

▲ 老一輩的茶人

▲ 廣東省供銷學校茶藝專業師生是未來茶人

▶ 北京飯店廚師向范老師學習以茶入菜

▶ 雲南少數民族茶人供茶

▶ 與林麗韞女士（左二）及將軍茶人李鐸先生（左一），軍事博物館館長袁偉將軍（右一）合照

◀ 廣東茶人相聚討論茶文化

◀ 茶人雅集在廣州

◀ 中華老字號茶莊吳裕泰茶業公司也在推廣茶藝

▶ 永遠讓人懷念的莊晚芳先生，1989年4月10日親切接見作者

▶ 李靖女士在教授學生蓋碗的飲用法

▶ 張荷和范增平討論茶藝表演茶具擺設問題

◀廣東茶人楊依萍女士茶藝表演（1997年）

◀作者致贈《台灣茶人採訪錄》給中華茶人聯誼會來訪茶人，由副理事長張光武先生代表接受

◀莊晚芳先生喜愛陸羽，1989年9月2日作者前往杭州「茶人之家」，莊老邀大家在陸羽像前拍照，並特別要大家眼睛注視著陸羽。站立者為老茶人陳觀滄先生

▶ 西藏小茶人在推薦西藏出品的珠峰聖茶

▶ 對茶文化很支持並擔任中華茶人聯誼會名譽會長的程思遠伉儷（左一、二），屈武先生（左三）、作者及台聯會徐會長

▶ 資深的傳媒茶人盛志耘女士生日，大家為她祝賀

◀ 廣州一批年輕茶人拜作者為師

◀ 北京一批年輕茶人拜作者為師

◀ 莊晚芳先生與杭州部分茶人和作者合影

▲ 北京茶人鄭春瑛老師結婚，范增平親往祝賀

▲ 施麗君女士（右一）和作者討論茶文化

浙江农业大学茶学系

▲莊晚芳先生寫給作者的一封信

中華茶人採訪錄

大陸卷【一】

范增平 著

內容說明

《中華茶人採訪錄》大陸卷㈠，計採訪收錄了28位當代茶人，其中包括政界、學界、茶業界、茶藝界、茶文化研究者，以及教育界、新聞出版界、茶具界等多個領域的代表性茶人。

受訪者都是經過作者多年、多方面的觀察、認識，或從旁徵詢了解之後，根據原則標準選擇出來的採訪對象。他們從不同的角度看相同的問題，說出不同的看法和意見，我們以原汁原味的方式記錄下來，作者並將採訪的背景資料說明出來，一併提供給研究當代茶文化的學者、一般讀者，做為認識當代社會的重要參考訊息。

目次

張 序

我和范增平先生相識已有多年。按理他有什麼事要我辦，我是非常樂意的。但這次范先生要我為《中華茶人採訪錄》作序，我卻有些犯難了。由於生活習慣的緣故，我不喝茶更說不上品茶，至於「茶藝」就更是不甚了了。我深知范先生對茶情有獨鍾，對傳播中華茶文化更是不遺餘力。范先生從1979年習茶開始，到1982年創辦「中華茶藝協會」，再到1985年創辦「中華茶文化研究中心」，雖遇心酸與艱苦，但都傾心以赴，他不僅訪問過與中華茶藝有關的韓國和日本，更頻繁奔波於海峽兩岸。范先生為何如此執著於中華茶文化的傳播？2001年，我從他所著《中華茶藝學》中了解了他的內心。范先生在自序中有一段話令我印象深刻，他說：「兩岸人民本是文化同根，憂樂同源，苦甘共嘗的骨肉同胞，沒有理由別具居心。」經過多年努力，范先生從採訪各地、各階層具有代表性，又能理性、客觀說出心得的茶人著手，整理他們的經驗和看

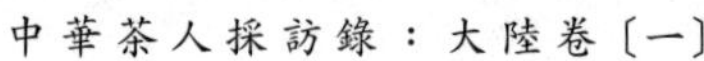

法，進而總結出中華茶文化的內涵，編成《中華茶人採訪錄》，這無疑是很有意義的。值此新書即將付梓問世之際，寫了上面一些話，以表達我對范先生的敬意，及對新書出版的祝賀。

張克輝

2004 年 11 月 29 日於北京

自序

東方文化的精華在「茶文化」，茶文化的重心在中國，因此，研究和探討中華茶文化是認識和了解東方文化的主要路徑。

中華茶文化源遠流長、博大精深，中華大地又是如此的廣袤遼闊，因此要研究、探討、認識、了解中華茶文化的全貌很不容易，若能從採訪各地、各階層具有代表性，又能理性、客觀說出心得的茶人著手，整理他們的經驗和看法，進而總結出中華茶文化的內涵，應該是較準確和具體的研究中華茶文化的方法之一。

1990年10月，採訪一代茶學泰斗莊晚芳先生，是我採訪大陸茶人的開始，莊老的氣度和胸襟讓我印象深刻。本來計劃自此展開一系列的大陸茶人採訪工作，但受阻於某些原因未能隨即具體執行，可是這個想法十多年來，無時或忘，一直記掛在心中。2002年整理出版了《台灣茶人採訪錄》，乃下定決心，要求自己，剋期完成《中華茶人採訪錄》，雖然延宕了10多年，造成許多難以彌補的遺憾，但正是經過這10多年的沉澱、累積，使我的思想更為成熟，觀察的面相更為廣闊，在選擇採訪的對象時有更完整的空間和了解的時間。

我來往海峽兩岸不下百趟，走訪全國各地，從浙江濱海的茶區到內蒙古草原的奶茶；從海南島新推出的香蘭茶到黑龍江正流行喝的鐵觀音茶，因茶結緣，結交了漢、滿、蒙、回、藏、苗、傜、畲、壯、白、土家等各民族的茶人朋友，何止數千，正如蘇州市的領導所言：「來大陸次數比您多的台灣同胞可能有，但結交了這麼多朋友的，大概只有范先生您了。」

在我認識的眾多茶人朋友中，我如何選擇採訪的對象呢？我首先考慮的是人品、茶品和操守。我私心仰慕孔子作《春秋》的嚴正，不敢以財勢、職位或他的明星式的知名度來做取捨，因為高尚的思想和情操不是有錢有權人的專屬，而且有錢有權的人也不需要我們錦上添花，所以我一直把採訪的重點放在平凡的老百姓身上，平凡老百姓的身上往往更能展現出茶人的純樸和真摯，他們甚且擁有更堅定的使命感和向上提升的願望，這是我採訪撰寫《中華茶人採訪錄》的原則。

採訪對象的取捨有了標準和原則之後，又有可能由於因緣和時機的不湊巧而有所遺漏和失誤，我要對那些廣大的值得效法和尊敬卻沒有被我認識或採訪到的茶人說抱歉，但我發願，我會盡我最大的努力，死而後已，不斷找尋為茶默默奉獻、埋頭苦幹的人，務使他們功不唐捐，凡走過的，終留下痕跡。

《中華茶人採訪錄》大陸部分，預定訪問二百位茶人，兼顧地域分佈、民族和性質的代表，分冊出版，目前已完成大陸卷第一冊，先行出版。在採訪的過程中，感謝所有受訪者，感謝為本書寫序的全國政協副主席暨台盟中央主席張克輝先生，感謝為本書題寫書名的茶人書法家羅力生先生，以及所有協助我的朋友。

謹以本書之完成追念一代茶學泰斗莊晚芳先生。

范增平 2004年小雪之日於台灣桃園

林麗韞

台灣的女兒
——談兩岸茶情

林麗韞女士，1933年生於台灣省台中縣清水鎮，隨後遷居台北市，曾在台北市永樂國校念一年級。1940年隨父母到日本神戶，在日本完成高中學業。1952年赴中國大陸就讀北京大學生物系。在學業未完成之際就被徵調到對外聯絡部工作，而使林麗韞成為在大陸傑出的台灣同胞。

林麗韞的工作能力優秀，曾任毛澤東主席、周恩來總理、鄧穎超、廖承志等中央領導人接見外國元首和重要貴賓時的日語翻譯。因為她的工作表現而被選為中共中央委員、全國人大代表常務委員，並擔任過全國台灣同胞聯誼會會長，中華全國婦聯副主席等職務。林女士是台灣同胞中第一位在大陸政治地位最高的女同胞，也是最傑出、最受台灣同胞愛戴的長者。

林麗韞女士雖然擁有崇高的政治地位和傑出的表現，但是她毫無架子，總是親切待人。若有台灣同胞對大陸的一些措施有不了解、不清楚，甚或誤解之時，她總會以心平氣和的態度，耐心的分析和說明，直到疑慮盡釋。因此，台灣同胞無論年紀大小，都以「林大姐」來稱呼林麗韞女士。

我認識林大姐是在1988年6月。台灣第一個正式組團到大陸交流訪問的「台灣經濟文化探問團」到達北京後，林大姐以台聯會會長的身份接待我們，她的誠懇和關懷，讓第一次踏上中國土地的我們，深深的感動，而留下了深刻印象。因此，在我隨後十幾年，來往兩岸近百次的過程中，只要到北京，都會拜會林大姐，即使沒有見面，也會電話問候。

我世居台灣已第八代了，在1988年為了弘揚中華傳統優美的茶文化，帶著戒慎恐懼的心情回到茶的原鄉，林大姐知道我這個心願，用各種方式幫助我。1989年4月份，我曾向中央民政部提出申請組織「中華茶文化協會」的事宜，林大姐派了台聯的小邱陪我進行各方面的工作，同年的中秋節，在北京的台胞慶祝中秋節的聯誼活動，林大姐特別選在老舍茶館並邀我參加。1993年秋天，林大姐安排了我和日本茶道裡千家派駐北京的教授在長富宮飯店進行交流，林大姐還充當我們的翻譯，真是榮幸之至。1993年10月29日首屆海峽兩岸茶業研討會，林大姐是應邀出席的主要貴賓之一。1997年12月16日北京外事職高設立中華茶藝專業，聘我為教授，授證典禮在北京飯店舉行，林大姐也是受邀參加的主要貴賓。其後外事職高的全國首批茶藝培訓頒證，林大姐都是主要見證人之一。全國各地的茶文化活動，例如：北京國際茶文化研討會；上海國際茶文化節等，都以能邀到林大姐蒞臨為榮。林大姐對茶文化的發展，對茶藝的推動甚為關心和支持。不僅如此，林大姐還是一位實踐者，我幾次到林大姐的府上拜訪，她都以中華茶藝的功夫茶具親自沏泡來招待我們。所以，我對林大姐是衷心的感謝和敬佩。

無論是從愛茶的表現，做人的道德修養和人生成就來說，林麗韞女士都堪稱是典範的茶人。（2003年9月5日下午於林大姐府上）

＊　＊　＊　＊　＊

范 **請問您在喝茶的方面有什麼特別的經驗？**

林 我原在台灣出生長大，是台中人，還記得小時候常在家裡的一座茶園裡玩耍，現在印象仍很深刻。我們家庭一直都有喝茶的習慣，隨著年齡的增長，耳濡目染下，我也跟著家長喝起茶來了，所以應該說在台灣的時候就開始喝茶，而且是小學生的時候就開始了。

後來到了日本以後，在戰爭年代那種艱苦的條件下，就不太有機會喝得到了。但是日本有一種茶叫「番茶」，是當時老百姓很普遍飲用的一種茶。當然我們也知道，日本的茶是從中國唐朝時期傳過去的，是學了我們中國的，可是那時候雖然知道日本有茶道，也看過一些雜誌上刊登的相關報導，但真正的看茶道表演，還是在回到祖國大陸以後，有一次到日本去出訪，日本朋友以茶道做為最高的禮儀來款待客人，那個時候才真正的接觸到日本的茶道。

記得有一年，我參加人大常委會的日本訪問代表團，鄧穎超大姐是團長，羅清長同志和我既是常委委員，同時也擔任副團長。到了日本京都的時候，日本的茶道裡千家，就邀請我們到他的本家去，在京都充滿古色古香的宅第裡泡茶給我們喝，所以說，那次拜訪日本茶道的泰斗家裡，第一次體驗到正宗的日本茶道。他們以最高的禮節來招待鄧大姐。我們可是託大姐的福，品嚐了日本最微妙的茶道表演。

我自己平常有喝茶的習慣，比較不會講究茶道茶藝，但是我一定會用好的水。記得60年代我曾經陪一批日本客人參訪，周總理接見的時候，就推薦他們到他非常喜歡的梅家鄔，我們到了梅家鄔的時候，剛好是清明節前，幸運地喝到真正的明前茶。因為是周總理推薦的，所以他們拿出來的都是最好的茶，那個茶泡起來真漂亮，用白色有蓋的瓷杯盛裝，茶葉像一朵朵碧綠色的花，茶湯也呈現出透明的碧綠色，非常吸引人。喝完茶後，有位日本客人開口要牙籤，我當時很奇怪為什麼要牙籤，原來他覺得這茶葉渣丟棄太可惜了，就用牙籤弄起來，一朵朵的放進嘴裡咀嚼一番，品嚐明前茶的香茗滋味，之後把茶葉也給吃下去了，所以那次我有幸在梅家鄔品嚐了一次真正的明前茶，可說是終生難忘的經驗。

後來前幾年我和我老伴及幾個朋友結伴而行到了梅家鄔，但是景觀完全不一樣了，梅家鄔的茶農也為了適應市場經濟，整修成了樓上是住家，樓下是茶室，比較講究的擺了一些茶桌，讓客人在那泡茶喝。我們去的時候就提到我們60年代曾喝過這裡的明前茶，那個主人也很熱心的為我們泡了他的明前茶，當然味道已不如60年代的明前茶了，不過也不錯。因為杭州那一帶的水好，我經常陪客人去，有時到西湖，就坐在湖邊，喝著用虎跑泉泡的茶，這也是日本客人非常喜歡的事。

所以說我和茶的因緣很深，這種因緣除了日常家庭生活自己飲用之外，也是因為我經常陪著外賓，尤其是日本朋

友，他們學習了中國的茶之後，也發展出自己的茶文化，所以說他們到中國來也喜歡喝茶，特別是中老年以上的，都愛喝茶。這種情況下，每次到杭州一定得喝龍井，用虎跑泉水泡的龍井。有時候再撒上一點西湖的桂花香糖的藕粉，那是非常美的享受。想想看，西湖優美的風景，加上喝過後口中回甘感覺非常舒服的茶，以及藕粉的桂花香，都令人印象深刻，這個美好的回憶一直留在腦海裡。因此一有機會我就喜歡到杭州西湖邊去品茶，喝龍井這樣的綠茶。

我和我們家鄉的茶，在離開台灣以後就中斷了一大段時間，會開始交流，還是從你范先生開始的。台灣的茶雖然也是從大陸過去的，但是高山茶又經過自己不同的栽培製作，所以風味截然不同，我也喜歡這邊的烏龍茶，但是台灣家鄉的烏龍，又有家鄉的風味。剛開始我在台灣的表弟們來看我的時候，給我帶了很多家鄉的食物，連醬油、貢丸都帶來，後來看到我這什麼都有，就不帶了，就開始帶茶葉，每次來都帶茶葉，他們也知道我喜歡家鄉的茶。去年還有一種西洋參茶，據說老年人喝了比較好，他們就帶給我了。

所以從兩岸開始來往以後，我品嚐台灣的高山茶、包種、烏龍等等的機會很多，這邊的西湖龍井、武夷山大紅袍、安溪鐵觀音、江南的碧螺春等，也都有機會喝到。江南現在很多地方都在發展茶業，特別是我連續三屆參加茶文化節以後，都能感覺到茶業的發展非常快，而且也很注意提高品質，因為有一段時間我很擔心，我從外面的資料看到，國外說我們中國茶葉中DDT的殘留太高，人家不太歡迎。所以我在人大常委委員會開會發言的時候提過，我們要怎麼樣來控制這些有害農藥的使用，一方面是為了我們人民的健康，一方面也是不要影響到茶葉的出口，影響茶業的發展，因為國外非常注意這方面的報導。最近幾年好像有比較注意了，我有時看到報導說，控制農藥用量後，茶葉的國際信譽又慢慢恢復起來了，對這種好的趨向，我們還是要繼續努力，要從源頭做起，怎麼樣使我們的茶葉品質又好、味道又好，而且可以以茶會友，在國際上交更多的朋友，這方面希望能起更大的作用。

范 **最近十幾年，改革開放以後，大陸的茶藝館像雨後春筍一樣發展起來，每個城市都有很多家，請問您對茶藝館的發展有什麼看法？**

林 我覺得這個發展非常好。不久以前我到上海去的時候，我的一個遠房親戚，也請我到咖啡廳去坐了坐，聽著高雅的音樂，雖然是咖啡廳，但是也有泡一點中國茶，或者是花草茶，咖啡廳固然吸引很多年輕人去，但是現在我發現包括我住的萬壽路附近，都有一些茶藝館，我兒子經常晚上和朋友一起出去，他不是到酒吧也不是到大排檔喝啤酒，他是去茶藝館坐著聊天，一聊就聊到十一、二點，夏天的晚上天氣涼爽，坐下來喝杯茶，也稱得上是美好的享受，所以我覺得去茶藝館也在中青年中間漸漸流行起來了，從我身邊的年輕人的表現就能夠感覺得到。

有一次一個朋友來找我，我的司機小趙說，在家裡要泡茶太麻煩了，不妨去茶藝館吧。最後我們就去萬壽路的一家茶藝館坐了一會兒。可見他們也是把這種地方做為一個接待客人的地方來看待，我覺得茶藝館非常好，能夠很好的引導發展，像范先生這樣培養茶藝師，把中國的傳統文化很好的融入其中，做為精神文明建設的一部分來看待，我覺得非常重要非常好。

范 **茶藝館發展以後，這個行業慢慢要規範，記得我們北京外事職高是國內第一個培養茶藝專業人才的學校，當時大姐您非常支持，親自參與、出席頒證，所以茶藝師能夠正式在社會上成爲一個行業，大姐您功不可沒。**

林 不不不，我是向你們學習。

范 **林大姐您每年都參加我們外事職高的活動，看著茶藝專業教育漸漸發展起來，大姐對這個過程有什麼感想？**

林 我是覺得第一次參加學校的活動之後，自己就深深的被吸引住了，覺得這塊聖地非常的重要，因為要培養有文化素養的、懂得茶的精神、茶的文化的高級茶藝師，還是要具備專業的教育。遲校長的這個職業高中，在你的大力支持下，把茶藝專業開設起來後，非常的高興，而且他們也培養了不少人才，為外賓和國家領導人培養了很多禮儀小姐，這些小姐在禮儀上、儀表上或者是接待客人的整個過程中，都是需要體現中華文明的，經過他們培訓出來的這些小姐，等於把我們中國的傳統文化、我們精神的美傳達給客人，所以在增加和客人的友誼方面，起到非常重要的作用，給人帶來美的享受。

范 **大姐出生在台灣，後來又到日本，後來又回到祖國生活那麼多年，那麼您看台灣、日本、祖國大陸這三個地方，在茶文化的發展上，有哪些特別的地方呢？或者是有哪些可以截長補短的地方呢？**

林 講到台灣的茶藝館，我很遺憾，1999年回去的時候沒有機會去，但是我有交到一些朋友，曾向我講過他想在台灣開茶藝館，他說那裡的茶藝館還不錯，年輕人也會去，和大陸的年輕人一樣，不僅是到咖啡館、到酒吧，也到茶藝館，我就覺得非常好，這可算是年輕人的業餘文化生活的一個組成部分吧，兩岸的年輕人都是這樣，我聽了很高興，但是我自己沒有親臨現場去體驗一下，希望下次有機會能去台灣的茶藝館。

那麼日本的茶道呢，其實我到日本都是以賓客身分接受比較高禮儀的茶道招待，即使到日本的廟裡也是一樣。我陪過好幾位大姐去過日本，有一次是陪康克清大姐去，她是我們婦聯會的主席，當時到日本去的時候，同樣受到了茶道的招待，但卻是坐在椅子上，因為怕坐不慣榻榻米。他們在樹下鋪著紅地毯，用漂亮的日式陽傘遮起來，那些茶道的老師和學生都穿著整套的和服為我們表演，請我們喝茶，非常的漂亮，我也享受到了。所以感覺上確實是日本的茶道比較正

規，我研究的不多，但是好像是從千利休，千宗室的祖先那一代開始，日本茶道成為了上層社會的享受，但是還傳不到民間。

後來我離開日本的時候，茶道已經開始成為很多女孩子出嫁之前的必修課程，有插花，也有茶道，利用業餘時間去上一些課程或講作，像裡千家也陸續地開設了講座，所以都變成女孩子在出嫁之前的必修課了。日本現在的情形仍是一樣，我想這也是依據培養女性素質的一個觀點來考量的。

而我們中國的茶道，一直是講茶藝，范先生你立了很大的功勞，你來的時候我們還沒有幾家茶藝館，是從遲校長的外事職高開辦後，街上才開始慢慢有一些茶藝館，我記得有一次在農展館辦過一次比較大型茶博覽會的時候，也試過辦茶藝表演，從那以後我和國內的茶藝界人士就慢慢來往多了，所以也是你給我帶來了機緣啊，我因此參加了很多國內的活動。後來就是上海的茶文化節，有可能是我參加茶博覽會的時候交換名片認識的朋友，他們覺得有必要而把我邀請到上海去，所以我從前年去年今年，連續三年都參加此盛會。

我之前已經講了國內的發展情況，另外還覺得有一個不能忘記的是，1999 年，我們一起在天津，參加海峽兩岸茶藝論壇，那一次光棣也來了，講到光棣我還有一個插曲，我到加拿大去的時候，第一次去到他溫哥華的家時還沒有茶室，第二次去他就弄了一個小茶室，一進去就讓我坐在榻榻米上請我喝茶，我說你什麼時候開始有這茶室的，他說已經一兩年了，也因此我在加拿大光棣的家裡品嚐過茶。天津那一次海峽兩岸茶藝論壇的時候，他也有來，大家一起在天津談論茶藝，在身為台胞的蔡副主席（蔡子民先生）的主持下，大家過了一個難忘的研討會，在這個研討會上認識的朋友，後來在上海的茶文化節上也有碰到，大家變成老朋友了。

范 **我們現在有講「茶人」，就像詩人等等，茶人是一個新的說法，那麼您認爲一個茶人在品德上或平常的行爲上，應該有什麼標準或要求，才能夠稱爲茶人？**

林 關於這點我不是專業人士，只能夠做為個人的修養來講，我們經常講真善美，我覺得這和茶的精神是相通的，人就是要對人很誠懇，真誠待人，對周圍的事情都要關愛，要愛護環境愛護人，沒有良好的環境，也種不出好的茶葉，為什麼在高山雲霧繚繞的地方，生產的茶就好，就是因為環境土質沒有受到污染嘛，環境好，茶葉就長得好。所以人也是一樣，要想真正成為茶人的話，就要善待環境善待人類，要有愛心才行，要提高自己的文化素質，追求美好的事。我覺得人就應該這樣，一切美好的東西都應該去追求它，包括各種藝術，像我喜歡聽音樂、喜歡看文學，現在也開始練練毛筆字，那國畫比較難，不一定能學得來。這些都是屬於美的領域裡面，自己在參與的過程中，就提高了自己的精神文化素養。程思遠先生92歲高齡給我寫了個字「寧

靜至遠」，我也是把它珍藏起來。所以我自己認為，做為一個人，應該追求真善美。

范 **大姐您剛剛講得非常好，這個善，包含了善待人和善待環境。**

林 對啊，這對子孫後代很重要，像這次SARS的發生，我自己也是學生物的，人類對自己的自然環境破壞得太嚴重了，為了發展，就盲目地甚至過度地開發，不去管環境的破壞，這會給子孫後代帶來無窮的後患的，我認為我們應該留一個美好的地球給後代。最近我看電視裡經常有個廣告，說地球只有一個，用這樣的話來引起人們對地球的關注，可不是嗎，現在大家都在探究火星，但火星上到底有沒有可以生存的條件還不知道，我們現在就只有這個地球，所以我們不能破壞它，像前幾天我看報導說北冰洋的冰融化得很厲害，和溫室效應有關，帶來自然災害，所謂自然災害，有一定程度是人類自己造成的，不能完全說是自然災害，所以我認為必須對環境、對人類有愛心才是最重要的。

范 **是的，您講得非常好，是從非常宏觀的角度來看的，目前還沒有人從環境和真善美的角度來論述茶文化，很多問題都非常值得我們深思。**

自從我1988年第一次來大陸，林大姐就對茶文化非常支持，我常常感念在心，記得以前台聯會中秋節在老舍茶館辦聯誼時，我還曾參加過，可以說和很多台胞的感情都是那時候培養出來的，現在一提到林大姐，在台灣沒有幾個人不

認識的。

記得最初的時候我們還曾經籌劃過要去民政部登記「中國茶文化學會」，後來因爲政策還沒開放，所以沒有辦成。當時英若誠先生還答應說他願意擔任我們的顧問，因爲他是中國酒文化協會的顧問。到現在中國也還沒有茶文化學會，做這種社團是很辛苦的，沒有幾個人願意來做的，因爲一成立就要舉辦活動又要有經費，瑣碎的工作很多，但是以後如果有機會，我還是很希望能夠來推動這個學會的成立。

林大姐今天爲我們講了台灣、日本、大陸三地茶的發展的情形，以及您個人從喜愛龍井到後來兩岸交流之後喜愛家鄉的高山茶，講得非常深刻和有啓發性，尤其您提到眞善美，過去我們茶界都不曾提到，除了善待人還要善待環境，有好的環境才有好的茶，我認爲這非常重要，將來要按照您提出的觀點來推動眞善美的活動。

林 您也講得非常好，感謝！

蘇文洋

北京現代商報總編輯
——談茶藝文化的發展

蘇文洋先生是一位社會敏感度很強的新聞人，他不僅見識廣，到過世界好多國家；對於一件事情的看法也很深入，他在北京晚報任職時所推動的好幾項活動，都得到很好的迴響，其中對茶藝文化的弘揚就有先見之明，早在1996年，即首開茶藝和學校教育結合，創辦「勝藍軒茶藝館」，並於每年春節期間在地壇推出茶藝表演，這是將茶藝和民俗再次結合，促使茶藝在民間紮根而開花、結果的工作。

由於蘇文洋先生從中央工藝美院的張國蕃教授那裡，看到我創辦的一份薄薄的「中華茶藝」雜誌，因此和我結了緣。經同是中央工藝美院的教授，也是張教授的夫人馮梅女士的哥哥馮明教授託信與我聯絡，希望我到北京時一定要去「勝藍軒茶藝館」看看，他說蘇文洋先生很誠懇的邀請我去。我在1997年11月20日應邀到河南鄭州為靜心園茶藝館講課，11月24日結束鄭州的活動之後，告知蘇先生將到北京，原訂從鄭州搭飛機到北京，因鄭州大霧，機場關閉，只好改乘火車到北京，蘇先生說要到北京車站來接我，因北京西客站剛完成不久，我到達之後，卻沒有碰到人，於是我叫了出租車到樂游飯店，辦了入住手續後，撥了電話給蘇先生，他說他到車站沒有等到我，原來西客站有兩個出口，我們錯開了。他說馬上趕過來，要我把房退掉，他已安排我住外事職高的實習飯店，且遲校長已經在那裡等著我了！就是這麼一個因緣，展開了中國大陸茶藝專業教育的起點。

由於蘇先生從事新聞工作，時間非常忙碌，無法事先掌握空檔時間，經過幾次的約定，終於在2003年8月28日的下午2時，在西單外事職高實習飯店裡的一個房間內，訪問了蘇文洋先生。

* * * * *

范 **想請教蘇先生，您是一個新聞工作者，當時是什麼樣的機緣，會使您關心和注意到茶文化？**

蘇 我是覺得，報紙是要對社會上的好事和新生的事物起一個推動的作用，茶藝和茶文化在中國有幾千年了，但是新的茶藝和茶文化確實是在台灣較為興盛，看到范先生在北京和在祖國各地所作的這些茶文化的推廣工作，做為一個記者，我肯定會非常感興趣，而且我也希望它在北京這個地方能落地生根。在接觸到范先生之前，我們也已經開始嘗試著把看到的或聽到的茶藝、茶文化的形式在北京廣為宣傳，希望能夠讓更多的人知道。這次能夠把范先生直接請來，和北京的教育部門合作起來，那就比我們在報紙上單純的發表一兩篇新聞報導的力量大多了，因為僅僅是一兩篇新聞報導的話，大家看過也就忘了，但如果和教育合作，就能夠把范先生這幾十年探索的成就、對茶藝的理解、對茶文化的理解，把它變成一個規範性的東西，能夠傳承給後人的東西，我覺得這個是功績無量的。而且事實上，透過范先生這幾年來到北京和北京市外事職高合辦茶藝教育專業，已經把規範教材、考茶藝師證照等工作都一步步開展起來了，所以我覺得未來北京市的茶藝事業，一定會做得非常好，和大陸的其他

蘇文洋
北京現代商報總編輯

地方相比，北京市的基礎打得非常好。我是這樣的想法。

范 您做爲新聞工作者，聽得多也看得多，那麼就目前北京來講，茶藝和茶文化的發展狀況如何，能否請您談一談。

蘇 目前北京的狀況，我覺得高端的這一塊做得不錯，像有些會館裡、星級飯店裡，都做得不錯，至於普及這一塊，還需要下點功夫，因為茶藝這個東西，它既是商業的一部分，又不能完全按商業來運作。很多東西是從低級往高級走，但是茶藝這東西是從高級往普級走，它是倒過來的，因此它從本質上說，不管是對人的性格，還是對人們在工作之外的情操的陶冶，它都有很多的益處。但是還是要有一些其他的因素，比如說，它需要一些茶葉，茶葉的價格決定了茶藝和商品的聯繫，你用太次級的茶葉就談不上茶藝了，像有些人喝茶末的，那就很難叫茶藝，那就是解渴了。那麼要真正的談得上茶藝，它不僅僅是文化，還要有一定的資金的支持，說白了就是要有錢和有閒。只不過僅僅把茶藝做為有錢和有閒的一個玩物，那也不是我們的一個方向，應該在不同的層次，就好像開車似的，有錢人開奔馳、寶馬，中產階級可能開個法拉特就可以了，那一般的老百姓就開夏利了，問題就是怎麼把這個層次，開夏利這個老百姓層次的人，也能使他對茶藝有所了解，這個市場就很大了，我覺得在這方面北京還需要再研究和推動。高層的呢，我覺得發展得很好，很健康也很迅速，有些有錢也有文化的，很快就認識到這個東西對他好了，也捨得投入，北京這個地方有這個文化氛圍，它有這種傳統的文化氛圍，它不像上海這個地方，更容易接受些咖啡啊、酒吧啊，北京這個地方接受茶藝可能比上海要快，它有傳統文化的底蘊在這。

范 **請您談一下目前茶藝館的發展。**

蘇 茶藝館，據我所知上座率有六七成，但是聽說目前在北京是不賺錢的，雖然不賺錢，我們也看到還是不斷的有人在開設，而且說不賺錢的呢，也還沒有關掉，我想，說不賺錢的可能原因之一是對賺錢的概念不同吧，掙多少才叫賺錢呢？再一個呢可能是說沒有什麼大錢可賺，不像開飯店什麼的有暴利可圖，這裡面可能就是沒什麼暴利可賺了，變成了一種正常經營了，我覺得這是目前北京的茶藝館在向健康的正常的方向發展。暴利時代已經結束了，不會說會有差價幾百塊錢的事了，但是它也不會像大街上的餐館那麼普遍，十塊八塊就一個菜，現在總的來說，喝茶還是比吃飯貴，我是覺得，北京的茶館又不能像成都等地的那麼大眾化，因為北京這地方首先房租就不允許你那麼便宜，但是如果在一些會所這樣的高檔次中間呢，再出來一個檔次，我覺得還是有市場空間的，朝這個方向去努力，我想北京這個茶藝茶文化市場還是滿有發展空間的。

范 **那麼您認爲，給茶藝下一個定義的話，要怎麼樣的定義才能涵蓋得比較全面，因爲現在茶藝的概念好像給人不**

是很明確很清楚的感覺。就您的理解來談談。

蘇　茶藝，我覺得是到茶藝館來品茶，簡單的講，它不是喝茶、是品茶，就是茶藝了，如果說僅僅是為了滿足生津止渴，那就是還停留在喝茶的階段，只能做為一種飲料的階段。如果說把它附著了很多文化的內涵，就是在品茶、是在休閒、是在商務，茶變成了一種很健康的、很高級的媒介——人們友情或友誼的媒介，不是滿足自身的肉體的或生理的需要了，它就變成茶藝了，我是這麼看的。包括我們的飲食文化也一樣，如果幾個饅頭填飽肚子就行了，那就談不上文化了，如果像《紅樓夢》裡那種吃法，就絕對是文化了，所謂三代富貴，方知飲食，那絕對是到了那個層次，你看冬天吃什麼、夏天吃什麼、秋天吃什麼，它根據人的不同的形態、不同的體質、不同的環境、不同的需求、不同的客人來安排，這就好像變成了一種非常有文化的東西了，而不是說只是簡單的把肚子填飽滿足口腹之欲，這就是文化的差異，上升到藝術的層面上，如果僅僅是吃飽肚子好像就是低層面了，是初級階段了。（笑）

范　那麼以茶藝館來說，您認爲怎麼樣的茶藝館才是比較正面的，比較符合茶藝精神的場所？

蘇　我覺得現在需要有一批滿足高層次商務人群，休息談事的場所，就是一些高檔的會所賓館酒樓裡的高級茶藝館，也還需要一批二三十歲的年輕人能去的茶藝館，他的收入不是很高，但是這裡也能吸引他來，這裡既能滿足他的休閒，也能提供他交友和陶冶情操的需要，甚至就是在那裡讀讀書休閒一下，也就是不要把茶藝館做得太單一化，可能會好一些。我看到台灣有一個誠品書店，二十四小時營業，它不單純是一個賣書的場所，裡面也有喝咖啡的地方，因為我也許不買書，但是需要這種書烘托出的氛圍就行了，我可能就是交朋友，在這種地方交朋友，絕對不同於在大碗喝酒大塊吃肉的環境中交友，他在這個環境中交的朋友一定會有一點品味，精神上的因素多一些了，不是我們過去所說的酒肉朋友了，酒肉朋友可能喝完酒就去打打打殺殺了，但是茶藝朋友絕對不可能喝完茶就去擾亂社會治安。所以我覺得這個層次還要再加強，還有市場性。

范 **現在外來的像連鎖咖啡館等等的越來越多了，對茶藝館將來的發展您怎麼看？**

蘇 我覺得其實國外的比如說星巴克這些東西，在他們本國並不賺錢，但是到了中國就非常地流行，就好像麥當勞似的，中國人多，一人去吃一次還得排隊，在美國不可能。我覺得一個原因是，因為過去我們沒有這種形式，很有新鮮感，所以吸引了一部分人，隨著它開得多開得久，就只剩下某部分的人群會去了，不可能一直有很多的人群。而更多的人群呢？我覺得將來還是要到茶藝館去，茶藝館和咖啡從性質上來說，誰也不能取代誰，而從文化傳統上來說，最終恐怕還是茶藝這個文化傳統適合中國的國情，或者說中華民族的需求。就好像我們不可能把茶藝館開在維也納，人家那裡

隔十步就有一家咖啡店、酒吧，我們不可能開成那樣，相反的在中國也不可能隔十步就一家咖啡店酒吧，咖啡店酒吧還是集中在幾條街上或集中在一些特定合資企業辦公或商業區，我還是覺得中國傳統的茶藝館才是老少咸宜，不管是大一點的店或小一點的店都適合，所以我認為兩者之間還是有差異的。

范 **現在茶藝師的職業已經被正式確認爲一個工種，考試認證也在做了，但是因爲還沒有普遍，社會上出現良莠不齊的情況，茶藝館已經很多了，但是茶藝館的從業人員拿證的不多，您認爲怎麼樣才能比較快的把這項制度納入正軌？**

蘇 我是覺得做什麼事情都要先把它的市場熱絡起來，不一定一上來就什麼都很完美。這就好像建立一只隊伍，開始的時候他可能沒有軍裝，沒有很正規的武器，那也不妨揭竿而起，拿著竹竿子就去打了，然後在打的過程中他會提高自己，先讓他開上店，好像那時候我們有正規軍，也有八路軍，也有游擊隊，這個不是壞事，首先吸引大家都對這個事感興趣，什麼事先做起來再說。比如我們看美國西部片，當年美國開發西部的時候也不規範，那牛仔騎著馬就來了，但是現在我們看美國的西部就規範了，它是從不規範到規範的，那時候去西部淘金，大家拿一把槍就來了，那都不要緊，有了這些人，自然大家就要商量著怎麼完善怎麼管理，這些人自身也有需求，他一旦做起這個事來，就希望把這個事做好一點，我相信從人性善的角度，誰做生意也都希望做好，做得超過別人，沒有一個人出發點就是想比別人做得糟，那就好辦了。只要他先把規模還不算太小的店做起來再說，做起來之後有一批好的東西或有一批好的樣板再給他做示範，讓他感受到這是更好的，客人也會選擇，這些東西最後由消費者來選擇願意去哪一家，如果他還是亂無頭緒，別人可能會很上軌道，那客人都會告訴他說你應該到哪去學習，這就是說最終由市場來教育他，他不努力不提升自己，客人漸漸不去他的店就倒閉了，消費者的兩條腿就是選票，他就會不投你的票，他會選價格合理、服務熱誠的店，好的店就算路途遠都不能阻擋客人。因此我認為這個最後會由市場來把它規範起來。像有人是花了錢做了培訓，學會了整套的茶藝服務，而有人是花錢買一個認證，那也很好，畢竟他認識到有證還是好，他可能說我沒時間學，我讓員工先服務著，等到他服務服務著，就會發現買了這個證也沒用，人家消費者不光看你牆上掛的證，人家會看你實際的服務，甚至很多消費者都懂很多，他會和你說你這太不專業了，所以我覺得任何事物都是個金字塔形的，不可能大家都在這塔尖上，那個基座是大的，不規範的那一塊還是很大的，咱們用古話說所謂「水至清則無魚，人至查則無徒」，您這徒弟在您手下要是看得太緊了，連口氣都沒工夫喘，那您就沒有徒弟了。市場就是市場，像美國這個市場，即使是在高層次上，他還是有做假帳的，華爾街也是一樣。但是也沒關係，只要有遊戲規則，有規範、有好的輿論來引導它，有消費者

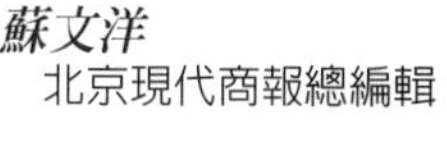

來選擇它，最後會看出來什麼是好什麼是不好，我覺得用市場競爭這個機制，會把這些問題漸漸解決掉。如果他從事非法的勾當，我們用法律來解決，如果他僅僅是服務水平比較低的話，就由市場去解決，我覺得會有越來越多的人逐漸主動的去接受培訓，不是只有拿張紙回去，現在如果是偏遠地方來的，回去說我在北京拿到一張紙，或許還有點用，等到知道的人多了的話，拿張紙就不行了，你還真的要有兩下子才行。

范 **您對社會各界都有所了解，那麼目前外事職高已經把茶藝正式做爲教育的一部分，對這一方面您有什麼看法或期待，或者說怎樣做才會更好？**

蘇 我是覺得萬事萬物的道理都是相通的，所謂條條大路通羅馬，比如在外事職高你培養我做調酒師、做客房、做茶藝師，都不影響我以後選擇別的路，但是茶藝這一塊，這一個工種，它的適應面會更寬闊，它教給人在精神的東西、精髓的東西，將來可以用來從事任何一個職業，或者說相當多的職業，比如說它的講究精神，不管做什麼工作，講究和不講究大不一樣，可能我沒有經過客房培訓，但是我在茶藝這塊培訓完了，最終養成了這個講究的精神，我在客房那邊只需要了解一下它的操作程序即可。因為茶藝裡含有很多東西，它已經不單純是茶藝，它是一種精神的東西，有一種魂的東西在裡面，我覺得如果讀過茶藝專業，受過茶藝訓練的，將來即使在公司裡做祕書，她都能融會在裡面，會有借鑒的作用。所謂的隔行如隔山，又叫隔行不隔理，道理是相通的，我覺得我很看好茶藝專業，特別是在我們這個速食文化時代，全世界也好、發展中國家也好，在世事多變的年代，茶藝能使一個人定下心來，靜靜思考一下，這都是茶藝能陶冶我們的精神，都是我們能受益的地方。在變化這麼紛亂的時代，很多人的精神都產生一種分裂和焦慮，這都需要茶藝給他一點精神力量。現在一方面時尚特別流行，一方面傳統的東西變化也很快，尤其是很多的形式都無法保留下來了，在這個時候把茶藝的東西再灌輸給我們的成年人也好、未成年人也好，特別是一些女孩們，對我們的整個社會結構的穩定上、心態的調整上，都是功德無量的，它的意義遠遠大於買了幾種茶葉，它比任何其他商品對社會的貢獻都大。

范 **現在有人說，工商業社會忙忙碌碌，生活節奏那麼快，哪有時間坐下來泡茶，您認爲這個方面要怎麼樣來安排和平衡？**

蘇 我是覺得，我們這個社會或者比如日本這個社會，他的經濟有一段時間是高速發展的，但高速發展所帶來的後遺症也非常多，包括各種疲勞症、猝死及種種危害人體健康的毛病，它是經濟高速發展下的那種無休止的競爭壓力所帶來的必然後果。所以我們現在的經濟發展，是以個人的身體健康作為成本作為犧牲投入進去的，所以無論如何還是需要自己忙裡偷閒，哪怕一個月一次兩次，進一進茶藝館，對你精神的調整、精神壓力的緩解還有其他方面，包括個人的修

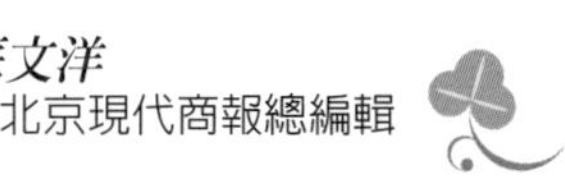

養，都是有好處的。即使只是談生意，在茶藝館談也遠遠好於在餐桌上談，會更理性，如果是喝完了酒再談出來的話，就不夠理性不夠可靠了，喝著茶來說，心平氣和，就完全不一樣。所以我覺得，茶藝和商務，是更好的結合，儘管再忙，每個人到了一定的時候會自然調整，我相信再忙的人也有不忙的時候，甚至有時候你想忙都忙不成了，就像你在銀行存錢也不能無限制的取用，你身體的本錢就那麼大的時候，你只能支出那麼多，透支就不行了，你一定要靜下來去補充一些東西。雖然有些人說沒那閒時間，那為什麼北京有些茶藝館生意還是很好啊，就是因為還是會有人來，形成一個群體，像之前SARS流行的時期，很多人都到湖邊海邊去喝茶了，你想忙也不行，你也沒法做別的事，就踏踏實實坐下來喝茶吧，有時候老天爺都讓你靜下來休息一下，集體的無聲的命令，只不過那個形式不太好了，是強制性的了。

范 **現在有人說到茶藝館喝茶太貴了，還有就是去茶藝館喝茶的時候怎麼樣才能喝到眞正的好茶，因爲現在假冒僞劣太多了，您認爲怎麼樣來避免和整頓這個方面的問題？**

蘇 我是認為物以稀為貴，這是商業裡的一個定律，所以首先要讓茶藝館先多起來，一旦多起來，就不會貴了，我們知道茶藝館現在還是不夠。我前幾年去桂林的時候，看到有些茶農因為茶賣不出去便要砍樹，可是大家又感覺茶葉喝著貴，實際上是物流上沒做好，如果流通上做好了的話就不會出現這個問題了。另外現在還有一個原因，就是茶藝館的茶葉之所以貴，不是茶葉本身的問題，比如說你在飯店裡開一家茶藝館，它的房租貴，它的附加價值貴，比如你在北京開，和在四川開，那人力的工錢就不一樣，在四川可能一個月三百塊就行了，在北京一個月得一千八，主要是房租和用人的成本差異比較大，所以這些東西就不是茶藝本身的事了，那可能等房地產發展的好了以後，房租便宜了，就會覺得喝茶也便宜了似的。經濟生活有很多環節是相扣的，比如求職的人多了，工資就降下來了，這些東西最終會趨向合理，現在只是短時的不合理。而且按經濟學的原理來講，現在看這一行很賺錢，大家都去做這個，做的人多了，價格就降下來了。所以我覺得一開始貴一點不要緊，不規範也不要緊，自然會有市場競爭來調節，最終達到一定的規範。就好像我們北京的老字號「東來順」，東來順起家的時候就是一條板凳和一個大爐灶，也談不上什麼不鏽鋼的鍋啊什麼的，可是現在東來順就非常有規模了，隨著它的發展和資金的積累，聲望就逐漸的上升了，它是一個螺旋式的上升，掙點錢，投入，改善，再掙點錢再投入再改善，這樣一層層的發展。可能你會問說他為什麼不一開始就租個店，在店裡賣又比在街上衛生，可是他沒有那個租店面的錢，只好先在街上擺個攤，等掙了錢他才能去租店。當然了，在這方面，政府也可以採取一些措施，比如說我如果扶持這個事業，你開茶藝館我就免稅，你開酒店我就加稅，這有時候就需要政府來調整，通過稅收的槓桿是比較有效的，當然你完全靠自己慢

蘇文洋
北京現代商報總編輯

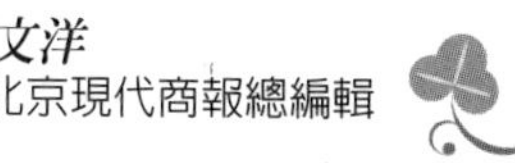

慢積累，需要的時間就比較長，政府這個時候可以起一個作用就是加速它，給它一些好的措施，我們叫政策，在這方面優惠一點。你看喝酒容易鬧事啊，酒後駕車就更要多罰，而且酒廠也要多收稅。可是喝完茶對社會造成的負擔小，沒有什麼嚴重的後果，我就在這方面多扶持你一下，這就是屬於政府看清楚了之後，利用政府的經濟槓桿可以調節的部分。總之我覺得這個行業的發展還是很好的，存在就有合理性。另外從輿論上來講，做茶藝的人，也需要經常做一點宣傳，擴大自己的影響力，你看星巴克總在宣傳，茶藝館卻很少宣傳。不管怎麼說，品茶這東西還是一個精神上的高層次的享受，它和每天三頓飯還不一樣，三頓飯是你不管什麼樣的人都一定要有的，這個品茶是要有一定的精神文化追求的人才有的，或者有一定的場合需求才會有的，所以我覺得呢，就是需要多方面的來努力吧。特別是像范先生您這樣的，能夠全身心的來推動茶文化，尤其現在這個茶藝事業的教育，是一個非常重要的播火種的事業，這個將來接受的人會越來越多，我也是受您教育的啊。

范 **請您談一談您自己喝茶的歷史，您是從什麼時候開始喝茶的呢？**

蘇 我喝茶應該是從小就喝了，北京人都是喝花茶，我從小就看我爺爺一天要喝好幾次，還講究喝茶要喝「透」，就是說要喝爽了，不是喝一杯就完了，有時要喝半小時一小時。在那個時代確實是那樣，我爺爺那時是個退休幹部，我是個孩童，爺爺那時有這個閒功夫，他也不用上班，當然我們那個時代，機關幹部也很閒，所以一杯茶一張報紙就看半天，在上班時間就喝透了。現在可就沒那麼悠閒了，因為那個時代是計劃經濟，大家都不用操心，掙多少錢都是計劃好了的，你想多做也不行，現在不一樣了，你可以多勞多得了，可以市場經濟了。雖然我喝茶的歷史很長，但是我對茶不太懂，因為小時候就是看老人喝，有時候自己渴了就弄一杯茶喝，那叫牛飲，咕嚕咕嚕就喝下去了，到了後來就這幾年，接觸了一些北京研究茶的朋友，但是茶這東西我覺得就像音樂似的，有的人是天生就很能夠辨別茶的品質，更多的人也能喝出好壞來，但也僅止於能喝出好壞來，你要是講究其中的奧妙，講究起學理來，多數人是做不到的，但是這並不影響他的喜好。就好像我們聽音樂一樣，我可能不懂音樂，五線譜也不認，但是我就是愛聽音樂，聽到音樂心裡就舒服，可你要是讓我說曲調為什麼這樣唱就好聽，我覺得那是音樂家的事。所以茶為什麼好那是茶藝家的事，我就是喝著舒服，好比這桌菜，怎麼好怎麼做的那是廚師的事，我們就是吃著舒服。所以對我來說我就是一個「大眾茶者」，喜歡這個，跟著這個隊伍走就是了，剩下的事就交給專家去做了，這個社會的分工就是這樣，你不可能要求我喝茶還得把茶給弄明白了才行。所謂「聞道有先後，術業有專攻」，我不是專這個的，說不上來，知道一點皮毛，也是聽來的，不能和茶博士、專家相提並論。

蘇文洋
北京現代商報總編輯

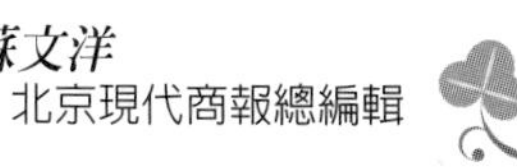

范 **請問您平常喝什麼茶比較多？**

蘇 我還是喝花茶比較多，招待朋友時，北方還是花茶比較習慣，但要說好喝，還是鐵觀音、烏龍茶喝著有味道，但喝這個也確實要有時間，靜下心來坐那喝，你要是這邊吃著飯那邊喝著酒，中間再吞一口茶，這也是煞風景。所以更多的場合和日常生活中，還是喝花茶。

范 **綠茶紅茶呢？**

蘇 綠茶紅茶我都喝，有時到了飯店裡，都有紅茶，我還專門來喝紅茶，當然有時也會隨著環境改變，比如出差到了南方，就要喝南方的綠茶，若到了南方喝花茶，就覺得不如咱們北方的好喝，我這人不挑剔不講究，這和我的性格有關係。

范 **那您平常有沒有常和家裡人一起喝茶？**

蘇 不多，一個是工作比較忙，還有就是家裡人喜好都不同，我太太喜歡喝飲料或水，小孩就喜歡吃個酸奶啊冰淇淋什麼的，所以喝茶和性別有很大關係，我覺得中國對茶的消費，男人是超過女人的，以我的所見是這樣的，男性喝茶比女性多，如果有人統計肯定會發現是這樣，直覺的感覺也是這樣的。

范 **那像您工作那麼忙，您的休閒生活和嗜好有哪些？**

蘇 首先看書是最多的，因為不斷的需要補充資訊，也有時和朋友到茶藝館去聊天交流，討論一些問題，還有時做些簡單的體育鍛鍊，游泳什麼的，別的就比較少了，就沒有更多的時間了。

范 **從大的方面來說，您對茶文化也十分關心，過去也曾經投入過茶藝館行業，那麼您自己對茶和茶文化的經驗、經歷，有沒有一些什麼感想？**

蘇 我曾經在不同的階段做過很多不同的事，但是現在回頭來看，做茶藝這件事，不論對個人還是對社會，大家覺得都是最有意義的事。因為在經歷過許多工作之後，比如今天幫朋友去推銷商品了，明天去策劃活動了，後天也許去編劇本了，但是你最後發現，還是推動茶藝這件事有意思，包括自己親手經營一家茶藝館，親自去做一點這方面的推動工作，是非常有意思的。

范 **請問您原來就是北京人嗎？您的成長過程有沒有什麼特殊的經驗？對未來的計劃是什麼？**

蘇 對，我應該是在北京第三代了，我爺爺是七歲到北京，原來是河北人。我的成長基本上沒有什麼特別，就是小學中學，插隊，回城，再讀書，工作。未來就是希望在這裡好好工作，到時候退休，退休後看看有沒有什麼機會可以從事茶藝工作。（笑）

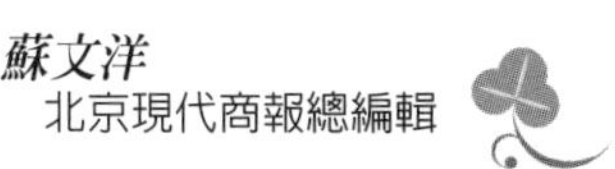

遲　銘

茶藝教育的先進校長

——談中華茶藝教育的開創與發展

遲銘校長，是北京市外事職業高中的校長，1997年首先在學校內開辦中華茶藝教育專業，並正式設立實習茶藝館，在茶藝理論和實務操作上給學生完整的茶藝教育，是中國教育體制內第一個設置茶藝專業的學校，同時也是茶藝進入正式教育體制內的開端，這無疑是遲校長的開拓精神和先見之明的智慧。茶藝專業開辦七年來的成果，只要大家認真地去檢視，就可以很清楚地了解，不必學校當局自己出來說明。

教育是百年樹人的工作，而人生有限，遲銘校長因已超過退休年齡不得不退休，而接任者是否有些遠見和胸襟不得而知，期盼後浪推前浪，一波波的延續著教育事業進步的基礎，不能因前人的努力而坐享其成，更不能驕傲、自滿，教育工作也是最需要良心和誠實的事業，只有實實在在去做，才會開花結果，虛偽造假最後都會原形畢露，但願能以「為天地立心，為生民立命，為往聖繼絕學，為萬世開太平」的目標和胸襟來從事教育工作。

認識遲校長已有七年多的時間，由於和遲校長近距離的相處時間較多，不論是工作、為人和處事方面都有一定的了解，遲校長的的確確是傑出的校長，是一位實實在在的教育工作者。我在大陸認識那麼多的人之中，遲校長是讓我佩服的朋友之一。我相信歷史會證明這一點。

北京市外事職高地址：北京市西城區西直門內南小街永祥胡同3號

茶藝師培訓中心電話：010 － 66088420

2004 年 2 月 15 日我到北京即採訪遲校長，遲校長以書面的方式於 4 月 28 日完成了訪談的紀錄稿。

＊　＊　＊　＊　＊

范 **請遲校長談一談當時決定要辦茶藝專業的心情和構想。**

遲 講一句對「茶」大不敬的話，本人是喝涼開水，甚至是喝生水長大的，直到 1997 年春節，時為北京晚報著名記者蘇文洋先生，請我到「勝藍軒茶藝館」品嚐烏龍茶，我才知道茶竟然有如此這般的學問，此時已年過半百，可見我對茶的無知。

可能與茶有緣，也許憑本人從事教育幾十年，特別從事職業教育十幾年的直覺，我立即被茶吸引，萌生了開辦中華茶藝專業的想法。並和蘇文洋先生約定，在他的支持下，由北京市外事服務職業高中率先開發，由此開始了一段別有韻味的歷程。

范 **當您決定要辦茶藝專業的時候，您認爲最困難的是什麼？您是怎麼樣開展工作的？**

遲 每當新專業開辦一定要做市場調查，確認市場前景看好才能啟動。如今，「中華茶藝專業」市場前景已不必再贅述。97 年開辦中華茶藝專業時我感到最重要也最困難的是專業教師和專業教材的來源。

蘇文洋先生的學識以及他對茶藝的了解，使他成了於

97年10月成立北京外事職高中華茶藝隊的首席顧問。熱心的蘇先生於97年11月把台灣茶藝大師范增平介紹給我，短暫的接觸，范先生為宏揚中華茶文化奔走海峽兩岸的精神感動著我，而范先生為我能把中華茶藝作為職業教育的一個專業來開發感到如遇知音，由此結下不解之緣。97年12月16日正式在北京飯店舉行了隆重的聘師典禮，林麗韞大姊及市區領導到會祝賀，北京外事職高從此有了自己的茶藝教授。隨後，請范先生親自為中華茶藝隊人員及一批青年老師開辦茶藝培訓班，頒發台灣「中華茶藝協會」培訓證書。范先生97年12月20日正式收我校青年老師鄭春英為入室弟子，為以後在范先生指導下開展茶藝教育、編著出版中華茶藝教材《茶藝概論》奠定了基礎。

范 **本校的茶藝專業特別設立了實習茶藝館，請遲校長談談實習茶藝館設立的經過。**

遲 北京外事服務職業高中主打專業是「飯店服務與管理」，以為高星級飯店培養專業人才為己任。「飯店服務與管理專業」是實操性很強的專業，它不僅需要學生有相當的文化知識，專業知識基礎，更要有服務實踐的經驗積累。因此，學校建有自己的實習飯店，安排學生進行教學實習，畢業前還要安排學生到高星級飯店進行畢業實習，合格後才正式走入社會服務。「中華茶藝」是隸屬「飯店服務與管理專業」下的專門化專業，它也屬於實操性很強的專業。因此設立實習茶藝館自然是專業開辦的重要組成部分。

外事職高實習飯店本身就是有著350餘年歷史的「靖瑾敬王府」，又做過「翰林院」。古色古香，氣勢不凡。在其中開設實習茶藝館——「中華茶藝園」是再合適不過的。說來也巧，98年初實習飯店正要進行大規模裝修，建茶園的方案也一併進行規劃，聽說此事，范先生很興奮，應我之邀為茶園精心設計，甚至對硬木家具的尺寸都做了特別規定，進到工地現場指導，他的弟子鄭春英、李靖更是全身心投入。98年9月1日「中華茶藝園」正式開業，軍界書家李鐸題寫的匾額，琉璃廠龍鳳齋總經理捐贈的藏壺、字畫，范增平先生題寫的巨幅「茶」字等端莊有序地擺放在翠竹、青石點綴的庭院之中；博古、花梨陳設的廳堂之上，檀香繚繞，古樂悠揚，好一派醉人景象。

台盟中央榮譽主席蔡子民先生，全國婦聯副主席林麗韞大姐，著名教育家陶西平先生等貴賓及茶界名人的到場，更使「中華茶藝園」蓬蓽生輝，它預示著剛剛誕生的中華茶藝專業前途無量。

范 本校開辦了茶藝專業暨積極推動茶藝師認證制度的建立，也是全國第一所頒發茶藝師證書的學校，本校是如何推動這項工作的？

遲 為提升勞動力素質水準，國家逐步推動「先培訓，後就業；先培訓，後工作」的勞動力市場准入制度，努力實現勞動者就業，正式工作前都能接受必要的職業學校教育或職業培訓，並通過職業技能鑑定取得相應的職業資格證書後

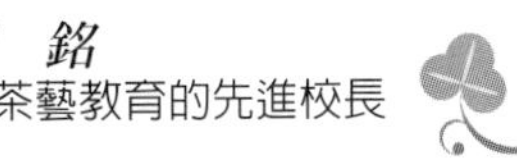

就業、工作。隨著社會和經濟發展，新的職業「工種」不斷湧現，與此相適應的培訓和職業技能鑑定工作必然不斷發展。「茶藝」這一新的工種隨著社會和經濟發展已悄然起步，本校開辦「中華茶藝專業」可以說填補了「茶藝」專業培訓的空白。中華茶藝剛剛誕生，它集中華精華之大乘的深厚文化底蘊，超凡脫俗的藝術品位，立即引起各界人士的關注，重大活動接踵而來，釣魚台國賓館的表演，中央電視台的採訪，赴德國柏林的國際交流，海峽兩岸茶人聚會等等，與此同時坊間的茶藝館也日見其盛，這一切都為促成國家勞動部茶藝師技能鑑定標準規範，茶藝師技能證書的頒發奠定了基礎。

2000年春我與行業主管技能培訓的南洪江先生聯手推動茶藝師認證考試制度的建立，同年11月北京市勞動局主管領導到校調研、考察。12月邀請國家勞動部有關主管調研、考察，當時江西陳文華先生也在推動此事。2001年初我校的鄭春英老師、李靖老師與江西同仁一起參加了國家勞動部主持的專家審定會。2001年4月15日首批茶藝專業學生參加茶藝師技能考核，同年6月取得茶藝師資格證書。

范 **請遲校長談談一個茶藝專業的學生需要接受什麼訓練？**

遲 茶藝專業是「飯店服務與管理專業」中的一個專門化專業，但屬於「職業學校教育」範疇（區別於職業技能培訓），因此學生要全方面接受職業學校教育，並在完成「飯店服務與管理專業」主修課程後，再加開《茶藝概論》課程，並參加茶藝的專業實習，全過程需要三個學年。

用三年時間培訓出的專業學生應當具有較高的職業素質，為此他們要接受四個方面的訓練。第一、嚴格的日常行為規範及道德訓練。這在職業素質中占有首要的地位，溫文儒雅、端莊有禮的舉止，自律慎獨的道德修養是高水準專業人才的必備條件。第二、文化基礎理論知識的訓練。茶藝專業學生要完成高中文科文化基礎理論學習，要通過教育行政部門的組織文化課水準測試，一定文化知識水準有利思辯能力、理解能力和創造能力的發展。第三、專業基礎理論知識和專業技能的訓練。這是專業學生參與社會競爭的優勢所在，也是再發展的基本功底。第四、科學的體質，形體訓練，茶藝專業學生就業前要取得衛生部門頒發的健康證書，良好的形體也是表現專業特質的重要條件。

范 **創辦茶藝專業已進入七年了，請問遲校長目前茶藝教育的成果和方向和當初的想法是否符合？有什麼需要加強的？**

遲 目前茶藝教育的成果和方向和當初的想法是一致的，但由於范增平先生加入，使茶藝教育發展達到這種水準是我當初所想像不到的。

談到有什麼需要加強的我感到題目很大，因為綜觀中外茶文化發展史，目前我們所做的實在太微薄了，高品味茶文化在現在生活中剛剛起步；茶藝教育尚未成為一個有影響力

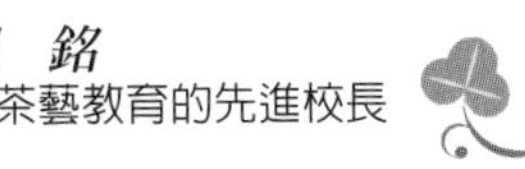

的專業；茶藝師技能鑑定還處於試驗階段；方興未艾的茶藝館如何經營，走向何處疑問重重；中華茶藝走出國門尚需要推動等等，儘管需要加強和解決的問題還很多，我相信中華茶人有范增平先生為弘揚茶文化奔走海峽兩岸百餘次之精神一定能成大器。

范 **遲校長擔任教育工作數十年，請問您對人生看法如何？談談對茶的生活體驗，您認為什麼樣的人才能稱為「茶人」？**

遲 我的生活經歷很簡單，從 1960 年高中畢業並留校任教直到 2003 年退休，43 年沒離開過北京西城區教育崗位。值得慶幸的是，教育這片淨土培育了我，我又在這淨土上耕耘了幾十年，回首往事真好像一杯淡雅的清茶平常得很，但它卻把溫暖和純情留了下來。前邊講過，我是一個「茶盲」，只是近幾年我被茶薰陶了一陣子，茶的神奇魅力感染了我，退休後竟然每當撫琴時必想起紫砂，香茗，悠哉悠哉。我認為稱得「茶人」者，必為有相當修養的傾心茶文化的賢人雅士，而賢、雅不可自封，要待人「聽其言，觀其行」後出於公論。

歐陽勛

研究陸羽學家
——談茶學的研究精神

（右二）

歐陽勛先生是我的老朋友，1990年我親自前往湖北省天門去拜訪陸羽美麗的故鄉，當時就是歐陽先生親自接待，在兩天的參訪中，我留下了深刻的印象。之後在數次的國際茶文化研討會中也和歐陽先生見了面。

歐陽勛先生本身就是陸羽故鄉湖北省天門縣人，現任湖北省陸羽茶文化研究會副會長，由於從小嗜茶成癖，熱愛中國茶文化，潛心研究茶聖陸羽及其《茶經》，因此，參加各種有關陸羽及其《茶經》的學術研討會，也出版了《陸羽研究》、《茶經注》、《茶詩600首》等著作。他精於書法和詩詞創作，是一位有成就的茶人。我們於2003年11月15日又在海南相見，於是邀訪於他。

*　　*　　*　　*　　*

范　**請問歐陽先生，您是在什麼樣的情況下，會想到要研究陸羽茶文化？**

歐陽　追溯其原因，主要有二：

一是「文革」的原因。記得是1970年的夏天，那還是「文革」時期，窗外的世界很熱鬧，然我卻感到沒有什麼事做，於是只有看書寫字。一個夏日的下午，我想出去走走，卻信步走進了縣檔案館。看來看去，發覺書架上有一本線裝書，取下一看，原來是一本《陸子茶經》，民國八年版，朱孔真題簽。我向來喜歡看線裝書，自然就借了回去，一連兩天，讀完了全部內容。

二是乃父的啟示。我父親是棉花的會計（管帳先生），每年農閒時在天門老家陽渡灣設館教冬學，是一位塾師。他不時的帶我去老城區東門雲森茶莊買茶葉。有一次聽茶葉店老闆說，西門的黎（際明）先生正在研究陸羽《茶經》，而他苦於沒有這本書，經常念叨著。大概就在那時候，我就留下了對《茶經》這本書的印象。

由於以上兩個原因，當我得到這本《陸子茶經》後，自然如獲至寶。反正是「文革」時期，圖書的借閱時間不那麼嚴格了。我雖然看完了，但我還留著，每天研習小楷，這本《茶經》手寫本就當做了我寫字的範本。這樣寫來寫去，就忽然萌生了研究欲望。於是拖到 1979 年組織了一個「陸羽研究小組」（實際上只有三個人），開始了對《茶經》原文的研究。直到 1982 年 2 月與傅樹勤合著的《陸羽茶經譯注》出版（湖北人民出版社， 1982 年第一版）。接下來， 1983 年秋，我與博物館負責人正式發起成立陸羽研究會，出任副會長兼秘書長。並於 1984 年出遊各地組稿，正式創刊《陸羽研究集刊》。 1986 年 5 月中，在中商部茶畜局和中國茶葉學會及許多關心陸學的專家支持下，積極參加天門縣政府組織的首屆陸羽學術討論會。這次學術討論會的成功召開，可以說是吹響了華夏大陸迎接茶文化復興的號角。

范　您何時開始研究陸羽茶文化，當初開始研究陸羽茶文化時的條件一定很困難，您是如何克服的？

歐陽　我開始研究陸羽茶文化，那是七十年代初期，那時研究陸羽茶文化，還沒有茶文化的概念，或稱「茶

學」，或曰「陸學」，有時乾脆就說研究陸羽和茶經。

研究的起始階段，確實有很多困難：

一是經費上的。我記得當時我每月的工資不過五十多元，除了負擔家庭以外，所剩無幾。要走訪各地查閱和收集資料，要買工具書等等，都得靠精打細算了。還是後來編寫《縣誌》，才可以藉出差的機會順便坐圖書館。

二是輿論上的。我在七十至八十年代都在天門縣委宣傳部，長期從事理論宣傳工作，要研究陸羽茶文化，這就屬於學術方面的事了，所以不被人所理解。有的人說些風涼話，有的人還當面批評起來，說你一個宣傳馬列主義的理論教員，怎麼鑽起故紙堆來了？如此等等的。

面對上述這兩個方面的壓力，我並不在意，總是慢慢說服家人。我說，我這樣做，一是我有飲茶、愛茶的興趣，我研究陸羽和《茶經》，還可以提高我自己；二是可以圓我父親的夢；三是對地方傳統文化多少有所幫助。當然，這是過去幾點淺顯的認知。

范 **請您談談陸羽茶文化研究會的歷史發展過程？**

歐陽 原先天門縣的陸羽研究會是 1984 年秋正式成立的。它是在七十年代後期陸羽研究小組的基礎上組建的。陸羽研究會剛成立時，規模並不大，為了工作方便，請了一位縣委辦公室主任伍萬源同志任會長，我出任副會長，一共才 15 人。1987 年拆縣建市，陸羽研究會隨之更名為「天門市陸羽研究會」，由胡嘉猷市長出任會長。這個時期已經經歷了三個活動：一是在 1984 年 11 月 4 日，由中國茶葉學會和天門市陸羽研究會共同在宜昌（當時中國茶葉學會在宜昌開會）舉辦了「茶聖陸羽仙逝 1180 週年紀念活動」；二是 1986 年 3 月 10 日在竟陵鎮成立了「天門市陸羽研究會竟陵分會」；三是 1986 年 5 月 12 日至 14 日，在天門縣陸羽故里召開（有日本友人參加、有中國茶葉學會理事長王澤農出席）的百人盛會。

透過這三個活動，陸羽研究會迅速發展壯大，學會會員已達百人。

至 1988 年 10 月，又應日本國裡千家之邀，陸羽研究會組團 5 人，出席了在日本京都舉辦的「日中茶經研究交流會」。經由這個會議，大大提高了天門市陸羽研究會在海外的知名度。

到了 1997 年，我們對陸羽茶文化的研究，引起了省領導的重視，擬成立一個省級陸羽茶文化研究會。於是，我被調派到了省裡。至 1998 年 8 月，省裡正式成立了「湖北陸羽茶文化研究會」，由原副省長韓宏樹出任會長。後來相繼舉辦了許多活動，海內外有關陸羽茶文化的學術交流日漸頻繁。

至於現在是省、市陸羽研究會都可以獨立舉辦活動。目的不外乎都是為了弘揚茶文化，發展茶經濟。

范 **天門市目前陸羽茶文化研究狀況如何？**

歐陽 應該說，目前天門市陸羽茶文化的研究狀況還是好的，各項工作也都有序地進行。去年秋天，還積極配合市政府成功舉辦了「紀念茶聖陸羽誕辰1270週年暨湖北省首屆國際茶文化節」。

范 **這麼多年來您推動陸羽茶文化研究的心得和感想如何？**

歐陽 屈指算來，從1970年到現在，我從事陸羽茶文化研究已有30多年了。就從1979年組織陸羽研究小組算起，也整整有25個春秋。這麼多年來，我的心得和感想是：

一、要做一個合格的茶人，必須做到「精行儉德」，陸羽是這樣要求茶人的。我們必須合乎這個標準。

二、要弘揚陸羽茶文化，必須認真做好陸羽這篇大文章。努力宣傳陸羽，這不僅要多寫宣傳陸羽的文章，還要盡快把陸羽搬上銀幕，以廣宣傳。

三、要從多角度、多層面弘揚陸羽茶文化，諸如：對《茶經》的深入研究、茶樓、茶館的發展、茶藝隊伍的正規培訓，茶詩、詞、書、畫的繁榮等等，要把陸羽茶文化的豐富內容結合「茶與人類健康」這個恆久的主題不斷研究，並不斷引向深入。

范 **請您重點介紹一下陸羽的故鄉天門市有關陸羽的古蹟？**

歐陽 談到陸羽遺跡，從陸羽故鄉來說，自唐末以迄明、清，歷史所留下的紀念陸羽的名勝古蹟不下 14 處。

這些古蹟是：西塔寺、陸子井、文學泉、文學二泉、陸羽泉、陸羽亭、古雁橋、雁叫關、鴻漸關、火門陸子讀書處、桑苧廬、陸公祠、涵碧堂、東崗嶺。我著重談一下「文學泉」、「陸羽亭」、「涵碧堂」。

1.文學泉：文學泉傳為東晉高僧支道林住持西塔寺時開鑿，故早年稱支公井。此泉因陸羽少時常汲水煮茶（為侍奉其師智積和尚煮茶），故為陸羽「品茶真跡」。該泉幾經湮沒，值清乾隆三十三年（1768）夏天大旱，居民掘荷池，遂得井石，窺得石下有泉，並發現傍有斷碑，隱存「文學」二字。時知縣馬士偉得知，當即主持甃井，並修建陸羽亭。於井旁立石碑一通，陳大文題曰「文學泉」（因陸羽曾詔拜「太子文學」而得名）。碑的背陰同刻「品茶真跡」。

2.陸羽亭：位於古城北門外官池之濱，與「文學泉」相望。亦為清乾隆戊子年（1768）知縣馬士偉甃井時所建。後毀於兵燹。1957 年經周總理過問後，依其原貌重修，建築面積 10 平米，呈六角形，高七米。在「文革」期間曾搬遷至東湖公園。1981 年 6 月由縣人民政府遷回原址維修。2003 年春，市政府重修文學泉景區，將湖中土丘砌石岸護

坡，拆除原建陸羽亭，在原址東20米處以混凝土結構依原樣重建了陸羽亭。

3.涵碧堂：涵碧堂原址座落於文學泉井北，清乾隆壬寅（1782年）冬，竟陵知縣羅經陪同安襄隕兵備使陳大文憑弔陸羽品茶真跡後，於次年重建。與舊時得月樓、文學泉閣等形成文學泉景區的建築群。於1939年毀於天門淪陷時。2003年春，涵碧堂與陸羽亭同建於文學泉井區。新建的「涵碧堂」，建築面積為60平米，門額依舊制書「涵碧」二字。門額亦書舊聯，聯曰：「香浮碧乳留真味，影動清流愜素心」。

范　我們知道歐陽先生也是著名的書法家、詩詞家，請您介紹一下您在這方面最得意的一些作品和成就？

歐陽　談到我的書法，記得是五歲接受乃父的啟蒙教育，先是描紅寫顏體，後學歐、柳，以後有興趣涉獵諸家，但始終以小楷和行書見長。我最滿意的兩幅小楷，一為《醉翁亭記》；一為《洛神賦》。我較滿意的是兩副行書；一為《中國當代書法家辭典》收入的行書詩軸；一為參加「中國美術館」展出的行書立軸（1995年12月13至15日，全國詩、書、畫聯展），這副作品後被武林源收藏。此外，於1992年元月在武漢舉辦了一次《歐陽勛書法展》，展出的百幅作品被三慎書房收藏。1988年10月訪日時，應日本國佐賀縣東脊振村之邀，書寫了「茶道源遠，友誼流長」碑文，被刻石立碑。1999年11月訪日後寫的21幅茶文化書法作品，為日本國國際茶道丹月流收藏。

在詩詞方面，自七十年代以來，約計創作舊體詩 2000 來首，其中茶詩（截止二月止）為 819 首（上世紀末為 430 首，新世紀以來為 389 首）。2000 年 5 月結集出版（新疆人民出版社出版）的為《論茶絕句》（260 首）；目前又結集的為《茶詩六百首》（實為 616 首）。這些茶詩詞中，我最滿意的是《茶詩六百首》中的 190 首《名優茶吟》，因為它是真正意義上的茶詩（這本書五月一日前可出廠）。

我寫茶詩是從詠《中國十大名茶》開始的。記得 1985 年我寫《龍井茶》的時候，分別送給王澤農、陳椽和莊晚芳三位茶壇泰斗看過。後來陳椽教授分配了一些任務給我，要我把《茶業通史讀後》一文寫後，多寫些茶詩，凡是自己品過的名優茶都要寫。他說，盧仝的茶詩，不過一、二首，它的《七碗茶歌》就很深入人心；還有宋代的陸游寫的茶詩最多，多達 300 多首（據最近錢時霖先生來信告訴我，他統計過陸游茶詩有 397 首，其中真正意義上的茶詩〈直接寫茶的〉有 28 首）。如你能寫出 500 首、600 首最好。這樣說來，我現在堅持寫茶詩，在某種意義上說，也是圓我老師的夢。

范　請您爲「茶人」下個定義，怎麼樣的人才能算做一個茶人？

歐陽　本人雖已年近七十，然才疏學淺，為「茶人」一詞下定義，愧不敢當。不過，以我個人愚見，還是從陸羽所說為是。陸羽《茶經》云：「茶之為用，味至寒；為

飲，最宜精行儉德之人。」所以我說，精行儉德之人，即為茶人。或曰，茶人，即為精行儉德之人。

范 **您到過好多地方，我們知道您也曾應邀前往韓國交流訪問，請您談談我國與韓國陸羽茶文化研究方面的情況？**

歐陽 算起來，韓國我去過三次。然而，從韓國同我們的交流過程卻多達6次。

第一次是1989年10月13至15日，韓國陸羽茶經研究會會長崔圭用先生一行二人訪問天門陸羽故里，14日在天門陸羽研究會會議室開了一天包含了兩會（中國天門陸羽研究會、韓國陸羽茶經研究會）的「中韓茶文化懇談會」，在這次以《茶經》為主要內容的懇談會後，崔圭用先生回國不久，於1990年6月撰寫出版了一本《中國茶文化紀行》。這本書的主要內容，談及了中國茶的源流、陸羽故里觀感以及《茶經》注譯。

第二次是1990年11月29日至12月8日，由陸羽研究會組團三人訪問韓國，出席了首次在釜山召開的韓中茶文化交流會以及在大邱市舉行的「韓中茶談」。此次中方帶去了《茶經論稿》和《陸羽研究》兩書，同韓國朋友進行了交流。

第三次是1995年2月20日至28日，我們陸羽故里組團四人第二次訪問韓國。此次訪問交流，除了在釜山看茶藝表演、商討陸羽茶的開發意向外，還在大邱訪問了宗貞茶禮院（李貞愛教授創辦），在漢城出席了韓國茶道大學院開學典禮等。

第四次是湖北省組團三人（我隨團出訪），出席漢城由中韓共同召開的第四屆國際茶文化研討會。

第五次是崔圭用先生於2002年4月謝世後，是年10月30日至11月2日，韓國中華茶文化研究會李根柱會長（崔先生嫡傳弟子）一行三人同我們進行了接軌交流。韓國朋友當日到武漢，在下榻飯店停留一小時後，湖北省陸羽茶文化研究會就在武昌卓刀泉茶藝山莊舉行了歡迎儀式。在歡迎儀式上，韓國朋友首先表演了兩段節目：一為李根柱會長親自表演的中國清朝的宮廷茶藝；一為南順玉女士表演的韓國生活茶藝。卓刀泉茶藝山莊則以六人茶藝隊表演了「迎賓茶藝」。次日，李根柱會長一行到達天門陸羽故里造訪了陸羽遺跡，參觀了陸羽紀念館。同時也表演了茶藝。

第六次是2003年10月16日至21日，韓國中華茶文化研究會組團十五人出席了天門市承辦的「紀念茶聖陸羽誕辰1270週年暨湖北省首屆國際茶文化節」，韓國朋友除參加大會開幕式外，祭拜了茶聖陸羽，參觀了復修的文學泉、陸羽亭和涵碧堂，同時表演了茶藝，最後二天，順便遊覽了張家界。

通過以上六次的互動交流，從中韓茶文化的研究方面來看，主要是三個方面：

一、回顧了中韓兩國源遠流長的茶史。

兩國茶文化學者一致認為，中國的茶，在新羅的興德王

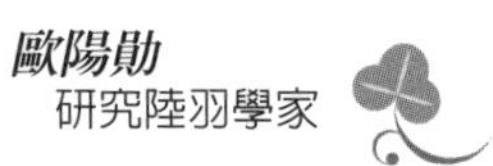

三年（西元828年，中國唐文宗李昂太和二年）及朝鮮的高宗二十二年（1885年）二次渡海傳入朝鮮半島。中國的茶文化學者更肯定的說，興德王三年時，是遣唐使金大廉先生直接從中國受賜茶籽，種於智異山華嚴寺周圍，韓國學者亦表示首肯。大家認為，像這樣的研究，很有意義。加上當代的互動交流，兩國茶文化研究者關係越來越密切。

二、認真的研究了《茶經》。

我們第一次訪問韓國就是帶著我們對《茶經》的研究成果——《茶經論稿》去的。而崔圭用先生也把陸羽《茶經》在會前進行了認真注譯。甚至第三次我們到韓國漢城參加第四屆國際茶文化研討會交流論文時，崔圭用先生還抓緊在5月27日晚把我約至他下榻的飯店同我認真地研究了《茶經》成書的年代和修訂《茶經》的過程。

三、詳細的討論了中國茶藝、茶德和韓國茶禮。

中國從唐代開始稱為茶道，自八十年代茶文化又一次復興和崛起之後，個別地方始稱茶禮（浙農大），也有個別地方仍稱茶道（武夷），但多數稱為「茶藝」。在茶德方面，後來莊晚芳教授提出「廉、美、和、敬」，國人大體都遵崇這個提法。在韓國，就稱作「茶禮」了。那麼，韓國茶禮的基本精神是什麼呢？據崔圭用會長說，韓國茶禮的基本精神，主要是指「和敬儉真」。「和」，是要求人們心地善良，和平相處；「敬」，是尊重別人，以禮待人；「儉」，是簡樸廉正；「真」，是以誠相待，為人正派。茶禮的過程，從迎客、環境、茶室陳設、書畫、茶具排列，到投茶、注茶、茶點、吃茶等，都有嚴格的程序與規範，力求給人以清靜、悠閒、高雅文明的感覺。

范 **請您介紹一下您的成長背景、學歷和對人生的看法。**

歐陽 我出生於農家，十三歲時父親就病故了。兄弟姊妹共四人，靠我祖父母和母親撫養成人。學歷不高，唯讀了七、八年私塾。然後性喜自學。1951年，在財經幹校畢業後，參加了工作。到了七十年代後期，才讀完北京人文函授大學文學系。至八十年代初期，認識了茶壇三泰斗——王澤農、陳椽和莊晚芳教授。起初，莊晚芳先生看我孜孜不倦的鑽研茶學，他把我介紹給浙農大負責招考研究生的梁先生，梁先生人很好，他說，來我們浙農大讀書吧，一年只交九百元就行。而我當時九百元也交不起。後來，我為了《陸羽研究集刊》組稿的事到了安農，見到了大名鼎鼎的陳椽教授，他知道我到浙農大讀書交不了錢，他親切的說，到我們安農來吧，我帶你，不交錢，住教工宿舍，吃教工食堂，一切給予優惠，這樣行不行。我聽了喜之不盡。於是就走進了安徽農學院茶業系，主攻茶史和茶葉製作學。這樣就成了陳椽教授的學生。因為三年沒有讀完，所以只能叫我進修生。這就是我整個的學歷。

談到我對人生的看法。茶與人生，這是茶界內的一個永久話題。我向來主張「尚和崇儉重茶德」。諸如唐代劉貞亮

的「茶十德」、日本明惠上人的「茶十德」，還有當代茶人提出的「茶十德」，還有當前張天福先生提出的「儉、清、和、敬」四字箴言作為中國的茶禮、茶德等等，我都看過了，都很好，都可以使我們茶人進一步弘揚茶聖陸羽提倡的「精行儉德」精神，讓茶香滿溢我們的人生！

透過30多年的事茶實踐，我相信「茶如人生，茶品即人生」的說法。我努力使自己做到「精行儉德」，淡泊閒靜，與世無爭。所以，我賦得一首小詩，詩云：

人生徹悟覺天寬，
卅載事茶清膽肝。
但願茶香常伴我，
童顏鶴髮也心歡。

（歐陽勛2004年3月3日於江西茶軒）

丁俊之

華南農業大學老教授
——談茶藝文化的看法

丁俊之教授在我的記憶裡是1993年參加第一屆國際普洱茶學術研討會上認識的，匆匆已有十餘年的歷史。我和丁教授私下並沒有什麼接觸，但是，幾乎在我參加的國際茶文化研討會或大型的有關茶的節目上都會遇見他，可見丁教授對茶文化的活動很熱情。

丁教授是接受正統茶學科班教育的老一輩茶人。他的行事風格和表現有他一定的代表性，於是在2004年初邀訪了丁教授。

* * * * *

范 **請問丁教授當初如何走入茶學教育的行列？**

丁 我是江蘇連雲港市（灌雲縣板浦鎮）人，傳說中的花果山和水簾洞就在連雲港，至今還是旅遊景點，所以說「我與孫悟空是同鄉」。

回想當年，我們全家人都喜歡喝花果山雲霧茶，在十八、九歲那年，機緣巧合下看見一些茶樹，即被茶樹的美態深深吸引，後來就考進復旦大學農學院修讀茶學專業，開始感受到茶學的底蘊，畢業後先後在茶葉的工作崗位上從事茶葉的產、製、銷實際工作，近三十年走入茶學教育行列，期間更覺茶學的博大精深，學無止境。就從茶藝的角度來說，不同的泡法，就有不同的效果、味道，趣味盎然。

至於品茗的好處，除了可延年益壽，亦可鬆弛身心，忘卻煩惱，比起現代人喜歡用以提神的咖啡和酒類飲品，茶添加了兩者欠缺的養神作用，所以我用「長樂長壽」來形容品茗，在國內外已得到普遍的認同。

范 您從事茶學教育的過程中，有哪些事是您最難忘的？

丁 在我從事茶學教育的過程中，有些最讓我難忘的事：一是我近二十年來，對中國的茶文化有了更多的關注，對茶藝更是興趣濃厚，這不僅拓寬了我的知識面，而且結識了更多的朋友，正所謂：「以茶結緣，歷久猶新」；二是我首先在全國茶學高等農業院校中開出「茶葉貿易學」，為培養市場經濟的新型人才開啟先機；三是中國海南省通什茶場，曾因種種原因面臨破產邊緣，我應該茶場所求，去到現場，解決實際問題，提高了產品的科技和文化含量，也提高了經濟效益，終於使這個有2200多職工的企業出現了轉機，1997年以來一直處於持續發展狀態。

范 請您介紹一下華南農業大學的概況和它的茶學教育的特色有哪些？

丁 華南農業大學座落在珠江三角洲畔的廣州市天河區，具熱帶亞熱帶風光特色，是一所歷史悠久（從1909年建校至今已95年）的老校。建國後，在辦校規模專業設置、師資隊伍、教學工作、科學研究、實驗設備各方面都得到根本性的改變和迅速的發展，逐步成為專業設置、學科門類比較齊全，是所以農科為主，有文、理、工科的綜合性的大學。自1953年起，招收研究生和外國留學生。現在是全國

重點高等農業大學，肩負著培養高級農業人才，承擔國家的科學研究任務。校長駱世明教授，是中國農學會副會長、中國生態會副理事長、廣東省科協副主席。

華南農業大學園藝學院茶學系由1930年的中山大學農學院茶蔗部演進而來，1933年原中山大學農學院已設置茶學專業課程，1974年成立華南農業學院茶葉教研室，從此並開始招收專科、本科、碩士研究生。主要研究方向有：(1)茶樹生理生態，(2)茶樹栽培育種，(3)茶葉加工生化，(4)茶葉加工貿易，(5)茶文化茶藝。

范 **您曾任聯合國開發署茶葉官員，請您介紹一下這個機構和這個職務。**

丁 顧名思義，聯合國開發署（United Nation Development Programme，簡稱UNDP）是根據成員國的需要與可能而運作。我從1990年起作為聯合國開發署的茶葉官員，不定期的履行本職工作，1991年被派赴斯里蘭卡考察紅茶加工技術和貿易，並到泰國考察茶業，每次考察結束後都向聯合國開發署提交了考察報告。1991年在斯里蘭卡停留了近一個月，使我們對斯里蘭卡紅茶產、製、銷有了全面的深入了解，獲得第一手資料，在發表的有關文章中，主要推介斯里蘭卡茶業的先進經驗，讀者普遍認為很有指導意義和參考價值。

范 **您對中國茶葉教育的看法如何？**

丁

我國茶葉教育可謂歷史悠久，機構「多而全」，早在1933年原中山大學農學院已設置茶學專業課程；復旦大學農學院園藝系茶業本科和專科，於1940年由當代茶聖吳覺農先生發起並親自指導建立。是我國高等學府設茶專業的首例，也是世界首創。迄今為止，外國僅有印度在阿薩姆農業大學有設立茶業技術專業（Departentof Tea Husbandry & Technology, Assam, Agricutural University, Jorhat, Assam, India）。在斯里蘭卡和日本少數高等院校中，有不定期開設的茶學專題或茶學講座。中國茶學高等農業院校多達十所，在辦學體制上多屬「產學研結合」，還有二十多所有茶葉專業的中等農業學校，堪稱「舉世無雙」，在開展茶葉科學及研究，培養人才，推廣和普及茶葉新知識，新技術方面，做出了許多貢獻。

茶葉教育部門在改革教學模式、優化課程體系、加強教學實踐、注重技能培養方面都獲得了顯著成就。

為適應市場經濟的發展需要，全國高等（茶學）農業院校先後增開了：「茶葉貿易學」、「茶葉深加工」、「茶文化學」、「茶道與茶藝」等必修課或選修課，為培養新型茶葉人才拓寬了路子。

未來大學將發生重大變化，高等教育焦點是從教到學的轉變，教學焦點將轉變為學生完成學習的效果。為適應市場經濟發展，特別是我國「入世」後的中國茶葉謀求跨越式可持續發展的需要，我們要把科教興茶落到實處。走「大學國

丁俊之
華南農業大學老教授

際化」之路，是適應我國與世界經濟接軌的新教育模式，它能使大學教育成為先進的、開放的、充滿活力的體系。

范 **請談談您的成長過程和工作經歷、家庭狀況。**

丁 上面我已說及了我在青少年時期就與茶有緣，我從復旦大學農學院茶專業畢業後，逾半個世紀先後從事茶葉產、製、銷實際工作，並在生產、貿易、科研、教育工作崗位實踐逾五十個春秋，先後獲得省級和國家級的教學改革、科技進步和學術成果獎項。鑑於我所取得的成績，美國世界名人研究院（ABI）已授與我「二十世紀傑出成就榮譽金牌獎」。英國劍橋大學世界名人傳記中心（IBC）授與「國際貢獻獎章」（IOM）。

我的家庭成員愛人和子女受到影響，都愛飲茶，我愛人曾莉冰（華南農業大學人文學院社科系副教授）曾運用交叉科學寫出：「茶葉與精神文明」、「孫中山與茶」，在茶葉刊物上發表，她的「孫中山與茶」還被收入花城出版社，2003 年 11 月出版的《茶發展之路》一書中。我在澳大利亞的外孫奧立凡·譚，從四歲起就學習茶藝，在 1999 年出版的《茶葉機器雜誌》還登出了他沖泡中國名茶的照片，被稱為「澳洲小茶人。」

范 **您認爲作爲一個茶人應該具備什麼條件？請您給「茶人」下一個定義。**

丁 我認為作為一個茶人應具備對人類的奉獻精神。作為山區作物茶樹，它對人類並沒有太多的祈求，只默默地對人類做出諸多貢獻。茶是最環保、最健康的產品，是精神文明和物質文明的載體。茶人應具有上述的風格。

作為一個茶人還應具備愛國、愛茶的條件，茶文化是一種無形的資產，中國是茶樹原產地、茶的故鄉，並將茶傳播至世界。茶文化不僅是中國文化的精華，也是對世界文化的一種貢獻。中國是茶葉大國，但與日本、印度、斯里蘭卡、肯尼等其他主產國相比，還有較大的差距。我們中國茶人應竭力去發展中國茶葉。從全方位來說，日本茶葉的生產、科技、流通所構成的茶產業，堪稱世界茶產業的典範。我們要學習他們的先進經驗，「他山之石，可以攻玉」。

范 **您對目前的茶藝文化有什麼看法？**

丁 我近二十多年來對茶文化、茶藝有更多的關注，對中國茶藝更是「情有獨鍾」。我主張「中國茶藝，既要傳承，更要創新」，所謂「傳承」是指繼承優良傳統，弘揚茶文化；所謂「創新」是指要發展先進的茶文化，茶藝。

最近，我對沿用近700年的茶藝「洗茶」問題，提出自己的新觀點，集中體現在我寫的文章：「莫把茶俗中的陋習——『洗茶』當茶藝規範」。

人們用茶壺沖泡烏龍名茶時，習慣把第一泡茶水倒掉，這一程序稱之為「洗茶」。按《中國茶葉大辭典》「洗茶」條

的解釋：「洗茶洗去了散茶表面雜質，且可誘發茶香、茶味，並認為這是一種古人遺風習慣」。不「洗茶」，往往被認為是「不講衛生」，「不懂茶藝」。長期以來，不少人「人云亦云」，有的飲茶者抱著不求甚解的態度，有時，「洗茶」連茶葉精華也在不知不覺中洗掉了。

其實，鮮汁從茶樹上採摘下來以後經過初製、精製，其中有多道工序如做青、釜炒、揉捻、烘培、篩檢等，不僅獲得茶葉品質、品級，而且達到衛生標準，其中偶有雜物如茶灰、塵埃，經注入沸水即注水即倒掉，或用「刮沫淋蓋」迅即去除。這第一泡茶操作，主要是進行浸泡，有利於茶葉的舒展和茶汁的浸出，使飲用者很快享受茶葉香味，而不是單純為了洗去茶葉不衛生的東西。第一泡的有效成分多，如茶多酚、氨基酸、醚浸出物等對人體健康和享受茶的美味均有益。根據實驗，茶的有益成分在第一泡後三秒鐘即開始浸出，若緩慢地倒茶水（超過三秒鐘），茶中有效成分就會大量損失，所以要快倒，這點是很重要的。我的意見是將「洗茶」一詞改為「溫茶」或「浸茶」為宜。

可是，有的人宣講「茶藝」時把「洗茶」列為烏龍茶沖泡過程中的一個程序，有的在「潮州功夫茶藝演示程式」中寫道：「首沖勿飲茶需洗」。有的還在介紹廣州人飲功夫茶習俗時寫道：「沏茶時要將剛燒沸的水倒進茶壺裡，開頭一兩次茶水要倒掉。」這就無異將飲茶沖泡的這種程序當作茶藝規範。

一些消費者提問：「成品茶都要洗了再飲，是否因為茶葉不清潔？」2002 年 11 月我應邀到日本參加「中國烏龍茶專題演講會」期間，日本有人提出：「洗茶是怎麼回事？是否要通過『洗茶』洗去茶中的農藥？」有些熱衷於中國烏龍茶的日本人士則認為「洗茶」會在廣大消費者中造成「中國茶不衛生」的誤解，在他們看來只有不衛生才要「洗」。

由此看來，「洗茶」一詞既不科學，又因其帶來的負面影響而貶低了中國名茶的「知名度」。尤其是為日本繼歐盟對輸入中國茶以農藥殘留問題而設置的「貿易技術壁壘」找到所需的藉口。也使中國烏龍茶輸往日本出現了前所未有的危機。

我對「洗茶」一詞存疑多年，2002 年底訪問日本歸來後，決定提出自己的上述新觀點，我的有關文章，已被國內七種以上的茶葉報刊以及全國大報之一《羊城晚報》，2004-1-26〔B4〕登出。

我是基於實證和理性的精神，不是一時心血來潮，而是以確實的證據和嚴密的分析推翻教條，建立新說。

范 **您平時如何享受茶藝生活？**

丁 我每天早、午、晚都會泡茶品茗，已成為多年不改的習慣，風雨不改，別人睡覺前喝茶睡不著，我卻剛好相反，不喝茶是不能入睡的，但是我不喝濃茶，我認為名優茶更不宜泡濃，否則不僅降低香味，而且還帶來苦澀，對身體

也有不良影響。平日家中若有親友來訪，我必會選擇用茶來款待，「以茶會友」對茶人茶友更是怡情和切磋茶藝的機會。

飲茶本身就有時下一種「回歸自然」的體會，茶不僅能提神，而且能「養神」，不僅能「延年益壽」，而且能「長樂長壽」，或者說：「長樂茶壽」。所以我在2002年應邀到日本參加「中國烏龍茶專題演講會」時說：日本人普遍認為飲中國烏龍茶是「健康希望」，我在此補充四個字，即「美的享受」。這兩句話，八個字：《健康希望，美的享受》，實際上就是對享受茶藝生活的高度概括。

范 **您對人生的看法如何？**

丁 我對人生的看法，有許多與茶緊密聯繫，我看「人生如茶」、「品茶如品人生」，人生總會遇到是非曲折，要經得起實踐檢驗。要以平實的心態待人處世。

人的一生不光是看活多久，更要看活得是否有價值。我的人生格言是：「立下苦中求樂志，莫學樂中找苦吃，誠以待人，嚴以律己。」（請見中國文史出版社，2003年12月出版的《人生格言寶典》）

說到「以茶會友」，古人曾說「君子之交淡如水」，倘若我們捧起茶杯來，只圖解渴，而不善於品味，則未免太平淡了。一杯好茶，若細細品味，不僅香高味醇、爽滑回甘、餘韻綿長，給人以美的享受，使人寧靜安祥，也是對友人體現

「至誠至善」的「心禮」。我認同中國茶學泰斗莊晚芳教授在辭世前所提出的「中國茶德」：「廉美和敬」，我欣賞茶的隨和與平常，它既可登大雅之堂，又能隨遇而安。我讚賞的還有茶的那份深刻，不論何時何地，在樸實無華的外表下，茶裡深藏的總是一份永恆的真情，若朋友都像茶那樣品位醇厚，那麼人間便是充滿愛心的世界了，我因此說：「好友如茶」。

丁俊之
華南農業大學老教授

黃桂樞

普洱茶文化的專家
——談成長的茶路歷程

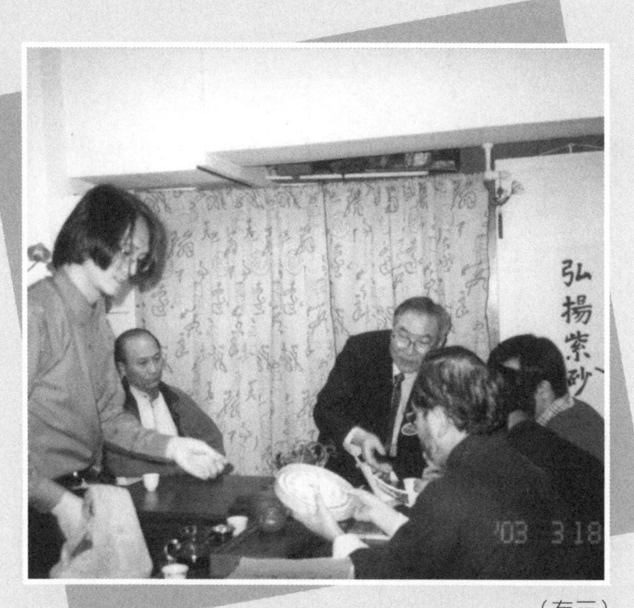

（左三）

黃桂樞先生是文史研究者，對於文物考古的工作也是津津樂道。由於工作和環境的關係，更讓他成為普洱茶文化的專家，出版了一本厚厚的《普洱茶文化》，早在10多年前（1993年），他成功的召開了第一屆的國際普洱茶文化學術研討會，這次的普洱茶文化學術研討會開啟研究普洱茶文化的大門，從此漸漸揭開普洱茶的神秘面紗，對普洱茶的科學研究，因此得到較大的推動。

我是1993年應邀前往雲南思茅參加該次的國際學術研討會認識了黃桂樞先生。10年後的2003年，黃先生應邀來台灣訪問，我們再次見面，倍感興奮，為了記錄和了解黃先生的普洱茶研究和他的看法，我也於2004年3月7日邀訪了黃桂樞先生。

＊　＊　＊　＊　＊

范 **請黃先生談談雲南思茅地區茶文化的發展現況？**

黃 雲南思茅地區是世界茶鄉，普洱茶發祥地、集散地，源遠流長的普洱茶文化是中國茶文化、世界茶文化的一個重要組成部分。這是近十幾年來通過實踐才逐漸認識到的。1993年以前，思茅地區只有茶產業，沒有宏揚茶文化。「普洱茶文化」這個概念，是我在1991年寫在論文《雲南普洱茶史與茶文化略考》中投稿出去後，於次年發表在大陸《農業考古》1992年第二期上，而得到海內外、區內外公認的。自1993年4月至2003年4月的十一年間，思茅地區舉辦了六屆中國普洱茶葉節（兩年一屆），三屆中國普洱茶國際學術研討會（四年一屆），一次中國古茶樹遺產保護研討會，而首屆研討會是我提的建議被地委領導採納後舉行的，我被受命充任了大會秘書長。茶葉節以茶文化搭台，茶經濟唱戲，社會經濟效果良好。普洱茶國際研討會從自然科學、社會科學的多角度，多方位，多層面來探討普洱茶文化的歷史價值，科學價值，藝術價值及其經濟價值，提高了學術層次，彙集了研究成果，先後由我主編出版了《中國普洱茶文化研究》、《中國普洱茶文化新探》、《中國普洱茶詩詞楹聯集》等書，流傳海內外，意義重大。

現在思茅市正在建設「中國茶城」（2003 年秋由中國茶葉流通協會命名的），加強軟體設施和硬體設施建設，提升普洱茶文化價值，把思茅這「世界茶鄉、普洱茶都、中國茶城」這個牌子打出海內外，弘揚茶文化，振興茶經濟，前景廣闊。

范 **思茅地區的少數民族，在茶文化的生活上有何特色？**

黃 思茅地區的少數民族，在茶文化生活上是很有特色的，普洱茶在哈尼族、彝族、傣族、拉祜族、佤族、布朗族，原始宗教的多神崇拜、祖先崇拜中，均用來作祭祀之用。在漢民族、拉祜族信奉的大乘佛教和傣族、布朗族信奉的南上座部小乘佛教中，在祭祀、坐禪、養身時均要用茶；回教伊斯蘭教在齋戒、清心時均離不開茶。哈尼族、彝族、

傣族、拉祜族、佤族、布朗族民間習俗多種多樣，茶在婚喪祭葬、辦事、迎客、生產勞動、休息、娛樂等喜慶中，均有派上用場。在民族民間醫藥保健方面，普洱茶有內服、外用的各種單方、療法。

在茶的品飲方面，更是豐富多彩，布朗族吃酸茶，飲烤茶、青竹茶；基諾族吃涼拌茶，飲煮茶；哈尼族飲蒸茶、烤茶、土鍋茶；彝族飲罐茶、清茶、鹽巴茶和油茶；傣族、拉祜族飲竹筒香茶；佤族飲鐵板燒茶和擂茶；傈僳族飲油鹽茶；白族飲三道茶；藏族、納西族飲酥油茶；漢族飲蓋碗茶等等。現在思茅地區有民族茶藝表演，獨具特色。

范　您是文物管理的資深人員，請您談談茶的文物應該如何管理？在您多年的文物管理工作上，有哪些特別值得提出來談談的例子？

黃　我是一位普洱茶鄉的文物考古工作者，在古代遺留下來的茶文化遺存中，有些實物具有文化價值，是我們文物管理部門管理、研究的對象。普洱茶文化與思茅地區文物工作關係密切，是文物的邊緣學科，交叉學科。在我主編出版的《思茅地區文物誌》（雲南民族出版社，2002年12月版）一書中，就收錄記載有「古茶文物遺址」（瀾滄邦崴過渡型古茶樹遺址，瀾滄景邁栽培型古茶林遺址）、「古驛道遺址」、「歷史人物墓」（景谷引種茶葉的清代進士紀襄延墓，墓誌碑銘中有景谷引種茶葉的歷史經過）、「古建築」、（有用茶作祭祀活動的古廟三座、古寺16座，古塔10座）、

「銅器」（有明清孟連宣撫司署用銅茶具）、「陶瓷器」（有明清陶瓷茶具）、「錢幣」（有茶葉交易中使用的古代中外錢幣），還有民國初年思茅茶莊茶葉包裝單，並載錄有鎮沅千家寨野生茶樹林保護區，這些茶文化實物，載入文化誌，成了文物保護管理所的對象，受到國家文物法的保護。

范 **我們知道您對普洱茶的研究花費了很多的心力，也出版了一本普洱茶文化的著作，請您談談普洱茶文化的特色是什麼？和其他的茶文化最大的不同在哪裡？**

黃 普洱茶文化豐富多彩，有其獨特鮮明的地方性（雲南省南邊疆，雲南大葉種，後發酵的普洱茶）、民族性（14種世居少數民族都種茶、飲茶、品飲，使用方法多種多樣）和廣博性（王公貴族，平民百姓，國內國外，眾人愛飲，流傳廣泛）特色。

思茅地區特別的自然、地理、民族、經濟與文化緊密聯繫，不同民族的種茶人，製茶人，售茶人，飲茶人，在生產方式，生活習俗，思想觀念，宗教信仰，文化藝術，審美意識等方面，表現出不同的風格，在茶葉種植、茶葉加工、茶葉貢品、茶廠家、茶馬道、茶飲具、茶醫藥、茶民俗、茶品飲、茶風情、茶文史、茶詩詞、茶楹聯、茶文藝、茶保健等方面，表現出不同的風姿，這些在我撰著的《普洱茶文化》一書中，均有記述。思茅地區和其他的茶文化最大的不同，在於這裡有眾多民族品飲方式不同和茶習俗不同的「民族性」特色。

范 **您當初是如何踏入普洱茶文化的研究工作？**

黃 我這一生，既不吸煙愛飲茶，無心戀酒捕魚蝦，嚐書汲飲充飢肚，愛筆耕耘種苦瓜，與茶結下了長久之緣。少年時期，我在家中喝過普洱茶，但只知道止渴解膩。參加工作後，我步行走過普洱茶馬古道，搞文化宣傳工作，下鄉到過茶鄉，看見過農村民間婦女揉茶，對所飲之茶有了一點感性認識；青年時期，我曾居住在一個生產傳統普洱茶的縣茶廠旁邊，每天出入都要路過茶廠，無數次看到人工壓製緊茶，沱茶的情景，對普洱茶製作有些好奇；中年時期，在農村工作隊時，有幸到景谷彝族茶鄉廝小海駐紮一年，與農家同吃、同住、同勞動、同上茶山、同採茶，寫過一些茶鄉報導文章，留下美好的茶鄉印象。上世紀八十年代初，愛好文史寫作，在同好陪同下，下鄉考察紀家村種茶人墓碑，上山調查採訪苦竹山古茶樹及主人，隨後兩年，我調到地區文物管理所工作，與茶文化接觸就更多了。因一些古代茶文化實物遺存，具有文物價值，而成了文物考古工作的研究對象。我於1984年參加了普洱茶文化的研究工作，但當初並無「茶文化」這個觀念，只把它當作「茶文物」來注意，並加以研究，直到1991年，我寫論文《雲南普洱茶史與茶文化略考》時，才第一次提出「普洱茶文化」這個概念，論文發表後，得到海內外認同，我1992年6月才有膽量向思茅地委建議舉辦「中國普洱茶國際學術研討會」，意見被採納後於1993年4月實施，國際研討會上解決了一個「世界茶樹原產地在中國」的大問題，瀾滄邦崴大茶樹上了國家郵票，使我更受鼓舞，而集30年的心血寫出了這本《普洱茶文化》。

范 **請您談一談您的成長過程和工作經歷，家庭狀況。**

黃 我於1936年9月20日出生在雲南省墨江縣聯珠鎮一個封建大家庭裡，祖籍江西省吉安府吉水縣，清代乾隆年間，先祖經湖南衡陽州（衡陽）到雲南臨安府（建水）而落籍雲南，傳到我這「桂」字輩，已11代了。我有一姊五弟兄，兩個母親，我排行（按兒子排）老四。1951年，我初中還未畢業，家庭經濟狀況發生巨大變化，為尋出路，我報考參加了工作，先後做過土改、會計、地質、文工隊長、新聞廣播、文工隊長（第二次）、文物考古、文物所長等工作，經三年在職參加國家高等教育自學考試，獲雲南大學專科畢業文憑。

我是僑眷，中共十一屆三中全會後，人民政府為我們落實了僑務政策，我們一家兄弟在政治上得到了公正待遇，1986年6月，任命我擔任地區文物管理所所長（此前為「負責人」），1988年6月經雲南省職稱高評委評定，地區文化局聘任我為文博副研究員〈副教授〉，享受高級職稱待遇。

人生風風雨雨幾十年，總算熬出了頭，五十歲以後，先後受邀請參加了中國考古學會、中國民族學會、中國民族史

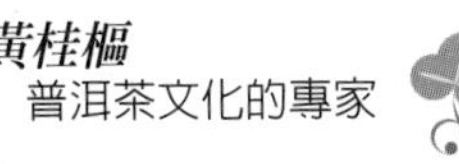

學會、中國東南亞研究會、中華詩詞學會、中國楹聯學會、雲南省作家協會、雲南省書法家協會、中華茶人聯誼會、中國國際茶文化研究會會員，擔任中國楹聯學會理事、雲南省詩詞學會、省楹聯學會常務理事、雲南民族研究會學術委員、雲南省南社研究會副理事長、思茅市政協會常委、地區政協工委委員、思茅地區詩詞楹聯協會常務副主席、地區社科聯顧問、地區文聯副主席。1998年9月退休後，仍被聘為地區文物管理所顧問至今。本人在文物工作崗位上，先後完成國家、省、地科研項目22項，在省級以上刊物發表論文46篇。已出版編著《思茅地區文化誌》、《中國普洱茶文化研究》、《中國普洱茶詩詞楹聯集》、《思茅地區文物誌》、《思茅地區風光名勝詩詞選》、《中國普洱茶文化新探》。出版個人著作《茅塞愚人詩詞曲選》、《墨水浪花》文集、《新編思茅風物誌》、《思茅文物考古歷史研究》、《普洱茶文化》（台灣版）。與人合撰出版的書有《秘境雲南》、《思茅少數民族》、《雲南文物古蹟大全》、《中國山川名勝詩文鑑賞辭曲》、《思茅地區誌》、《雲南寺廟塔窟》、《雲南名勝古蹟辭典》等。在海內外發表過詩詞楹聯書法作品300餘首（副），詩聯書法被亞、歐、美洲及港台等地專家、學者、僑胞等收藏60餘幅，有12件被省內外博物館收藏和刻掛在公園。先後出席過全國學術會7次，國際學術會8次，1993年4月，受命擔任中國普洱茶國際學術研討會、中國古茶樹遺產保護研討會組委會委員，執行秘書、大會秘書長，在國內外朋友和各方面的支持下，邀請來了9個國家和地區的181位專家、學者，兩會獲得圓滿成功。在第二屆、第三屆（1997年、2001年）中國普洱茶國際學術研討會期間，擔任大會副秘書長。1993年10月起至今，榮獲國務院、政府特殊津貼待遇；1994年6月，榮獲全國僑聯授予為「八五計劃和十年規劃做貢獻」先進個人稱號及「愛國奉獻獎」。1996年10月應邀赴泰國出席「第六屆國際泰學研討會」往返半月。1998年9月至10月應邀赴美國洛杉磯出席「美國中華茶文化國際研討會」，並在美國東西部作茶文化考察1個月，回國後寫出的文章見載於《農業考古》中國茶文化專號。2003年3月應邀赴台灣參加「兩岸普洱茶文化交流」活動，在台灣座談、交流、參觀、考察10天，擴大了茶文化交流，台灣報紙已作報導。本人生平傳略辭條入載《雲南專家學者辭典》、《中國當代史學學者辭典》、《中華當代茶界茶人辭典》、《中國當代社會科學家大辭典》、《東方之女》、《世界名人錄》等50多種辭書中。2004年2月19日，由思茅地區檔案局（館）報經地委、行署批准，列為「思茅地區第一期名人檔案人物」（之一，共27人），為本人頒發了「榮譽證書」，本人作了有關檔案捐贈（名人檔案五十年編修一次）。

我現在的家庭溫馨和睦，賢妻是經濟師，已退休，我們有三子一女，均已長大成人，各有各的工作，品德良好，愛家愛國。

范 **您認爲做爲一個茶人應該具備什麼條件？請您給茶人下一個定義？**

黃 做為一個茶人應具備茶德。茶德以「和」為核心，提倡和誠處世，以禮待人，以茶敬客，多一點愛心，多一份理解，協調人際關係；以茶雅心，陶冶個人情操；以茶行道，相互尊重，相互關心，相互切磋，相互探討，以茶文化為淨化社會風氣作出貢獻。

凡從事茶葉生產、加工、經營、管理、科研、宣傳、教學、茶館、茶藝、茶文化等方面工作而具有「茶德」的人可以稱為「茶人」。

范 **您對目前的茶藝文化有什麼看法？**

黃 目前的茶藝文化在海內外正逐漸熱絡起來，國內不少地方舉辦茶葉節、茶文化節、茶研討會、茶藝展演、茶藝大賽、茶交易會等茶文化活動，這是對茶藝文化的一種促進。希望從事茶產業的與茶文化的進一步結合起來，自然科學的與社會科學的進一步結合起來，茶物質文明的與茶精神文明的進一步結合起來，共同為振興茶文化而努力，茶文化要以產業作基礎，茶產業要靠茶文化來弘揚發展。茶產業和茶文化好比是一個人的左右手，一輛車的前後輪，相輔相成，缺一不可，要互相支持，互相依托，互相尊重，互相理解，共求茶文化的弘揚和發展。

范 **您平時如何享受茶藝生活？**

黃 我平時在工作、學習、寫作、家庭生活中，與茶密不可分，我無煙、酒嗜好，惟愛飲茶，每天要泡三次茶，早晨一次，下午一次，傍晚飲淡茶，一年四季，夏秋飲綠茶，冬春飲普洱茶，幾十年如此，客來敬茶，以茶代酒，在飲茶中養生，在飲茶中陶情，在飲茶中求和，在飲茶中賞美。

范 **您對人生的看法如何？**

黃 我飲茶飲到50歲時，曲折的人生道路也悟出了一點感悟，寫出了五十首《天命五十吟》，其中第四十九首即《人生》，現吟錄如下：

凡間禍福總難猜，樂莫嬌狂苦莫哀。
淡泊寬心明己志，重修亮眼免其災。
風吹石壓草橫生，雨打岩垂花倒開。
世事經多胸裡闊，以人為鏡善兮哉。

飲茶可以平衡人生苦樂心態，飲茶可以「淡泊寬心」，飲茶可以「重修亮眼」，飲茶能使人「胸裡闊」，飲茶可「以人為鏡」而行善，茶是人生的良師益友，我們要坦蕩地對待人生而有益於社會。

周桂珍

紫砂大師也是顧景舟的傳人

——談她的人生和製壺經驗

周桂珍大師，江蘇宜興人，是宜興紫砂一廠前廠長高海庚的夫人。十幾歲時進入紫砂廠當學徒，先後得到王寅春、顧景舟的教導，以她的勤奮學習，加上天資聰穎，一步步走到大師級的境界。

宜興紫砂工藝美術是中華茶文化與陶藝文化結合的產物，在她不斷的與文人、雅士的交往合作中，提高了文化品味，紫砂茶具脫穎於粗陶器的行列，成為綜合的藝術。

周桂珍大師的作品偏愛製作簡潔的造型，形成自己獨特、鮮明的風格，頗受茶藝文化界的喜愛，也得到傳統藝術愛好者很高的評價。

2004年2月22日下午，在田彤夫妻的陪同下，前往北京市通州區周大師住宅採訪並參觀她的工作室，以下是採訪的內容。

*　　*　　*　　*　　*

范　請周大師談談您的成長過程及為何會走上做壺這一條路來？

周　在我們從學校剛畢業的那個年代，也就是50年代，一般來說，父母生育子女較多，那時候的學子畢業後是統一分配的，我就被分配到紫砂廠去了！開始時是做紫砂壺，我是不太感興趣的，當時還是小孩子嘛！做壺太費工夫了，卻沒想到一個壺拿在手上，轉了一大圈回過來還是在那裡做。

進了這個行業以後，做好的紫砂壺常得到老師的稱讚，自己很高興，興趣就這樣慢慢的上來了。紫砂的品種很多很多，一個品種一個品種的做，不斷的提高技術。但是，有的人在這個過程中覺得很費勁，很吃力，上不去；有的人上得快，可能做5個品種，進步慢的做不好，只做一兩個品種，就怕了！這樣長期下來，學做的人如果做不好，就會感到灰心，不感興趣。況且在工資上做好了才得到工資，所以做不好，因此改行的也很多。還有一部分人呢！做普通品可以，做其他的就上不了檯面。有一部分人呢？不斷的往前發展，在技術方面不斷的掌握，我們就屬於這部分人。那麼這一部分人呢，慢慢的學到每一種技術，在這個過程裡面，我得到顧景舟老師、王寅春老師，還有其他老師的指導和互相之間的學習，我的技術就在那時候跑起來，比人家跑得快，經過漫長的過程以後，在我成長的過程裡，我覺得還有一種無形的，在意識上不是想像到就能得到的東西，什麼呢？就是如何把老師教給你的東西變成自己的東西。換句話說就是通過自己的思考，創造新的作品，把握住歷史作品仿古複製的要點，然後變成自己作品出來。這如果沒有一點耐性，全心要在這下工夫，也許成功的很少，這個就需要在各方面技術的水準提高。像我呢？小時候學歷不高，初中畢業，就是在這過程裡對自己的要求以及在外界的學習，多接觸各方面的東西，對自己在做壺方面很有幫助，我一直到今天自己坐下來想想，在這個過程裡我總是不斷的學習，做了作品以後，我好像有哪個地方不夠滿意，我會再繼續的改善。在這方面，

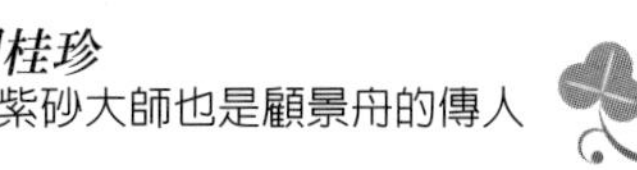

我覺得每一個人要提高自我要求的標準，提高悟性。

范 **剛才周大師提到，做壺除了學技巧外，還要有悟性，我們可不可以這樣說，做壺裡面也有「道」？**

周 我覺得應該說有。為何呢？悟出這個道理，一個做壺的人做出來的紫砂傳統壺為什麼會留到現在，它能在人們的生活裡邊具有日用功能，也有收藏價值。這點呢？第一是它的材質，透氣性良好，可塑性強，然後通過雙手能夠做出各種各樣比較優美的造型。對一個玩壺的人來說，首先不能排除功能上的實用，沒有日用上的價值，就不存在紫砂壺。就是說，玩壺的人既要能用，也要能把玩。況且真正的一件好的作品，拿到手裡是愛不釋手，這就是個成功的作品。如果是設計得不夠合理的話，一件東西初看有創意，再看是新的，三看就覺得了無新意了！就像一個愛壺的人他擁有一把非常滿意的壺，如果他不用這一把壺泡茶，就覺得可惜。就像人跟人之間見面一樣，他要去欣賞，他要去把玩、捉摸，每天必須要有這麼一個過程，否則，好像有一件事沒做。做壺的人呢！我也有這個紀錄，我做了40多年，如果是叫我有幾天不做，我上到哪去玩、去旅遊，當回來時我就覺得惦著我那個工作，並不是我沒有做壺，而是我要摸一摸他，看看他，好像見面似的。

范 **周大師，您做壺做了40多年，在這個過程當中，有沒有什麼特別有趣的，或者特別辛苦的事，跟我們分享分享。**

周 有。我覺得做紫砂壺，在過去是一件非常辛苦的事，為什麼在我們這個時代的人有好多不想做這個紫砂工作，都怕做成型工人，因為他很辛苦，他的時間要比一般的工作長得多，有時候，說實在話，連上洗手間都沒時間去，因為放下手又失去了思考了，這是無意識的不肯放下手裡的活；有的呢！因為換品種，他做得達不到要求，做不好，完成不了任務，便哭了起來，這就成為生活中的難事，我個人好像沒有這回事。這是因為我有幾個有利的條件，一個是我的先生高海庚，他是很有才氣的人，他是我很大的精神支柱。另外，我和高海庚是顧老最得意的徒弟，同時他也喜歡我這個沒有入室的徒弟，他特別在技術上栽培我們夫妻倆，也就是說我在技術上的指導老師是顧老，所以我可以做得比別人好，做得比別人更快被肯定一些。在過去的那個年代裡，我就不存在有後顧之憂，所以我也進步地很快。還有一個有利的因素存在，在那個年代裡，一直有政府高層的、政府和外事接待、藝術界的、大學院的老師、教授、學者到廠裡來，因為顧老在業界很有成就，有機會跟他們接觸談天，我們跟在顧老旁邊就比別人多長點見識，多聽到一點東西，我因此得到不少提升，我覺得這是很難得的一件事。

在仿古複製方面，我有一個體會，比如說一件經典的歷史作品，它的好，好在哪裡，並不在於它做得有多麼精細，不是在於它的精細，而是在於它的神韻，達到怎麼樣的程度。有的時候一件作品拿來一看，它的比例，它的結構，它

的唯美程度、造型等，各方面都非常非常好的一件作品，輪到你複製的時候，也許你可把它做得精緻，但是，你若沒有它的氣度，就不可能完成一件好作品。從這個角度上來看，各方面都做了提升，過去悟不到的道理，就可以悟出來，好在哪裡？如果悟出了這個道理，就有了提升，如果悟不出來，就沒有辦法有所進步，這也就是因為每個人的侷限性。像我做這個黃色的曼生提樑壺，是陳曼生的歷史作品，顧老教我做，當時我思想上有點藐視它，我覺得這件比較簡單，但是，偏偏稍微有點錯，出來的效果就絕對不一樣。那一次顧老嚴格的批評我，他說：太馬虎大意，當時我的確是有些馬虎大意。但是，這把壺再經過顧老的指導，我做出來後，在 1973 年第一次在北京東安門做紫砂壺展覽中，中央工藝美術學院的院長——楊院長發表了一篇有關紫砂展覽的文章，那時的報紙連續刊了好幾回，來看的也非常多，在北京人的印象裡也非常的深。同時，在楊院長的文章中，不只一次的提到我這個曼生提樑壺被簡練到最簡練的程度，被評為最成功的作品，也是我比較成功的作品之一。這讓我體會到什麼呢？就是在造型上越簡單的作品，它要達到最完美的程度是越不容易，這是我的體會。就像陳秀珍的掇球壺，她的掇球壺為何無論行內、行外，大家都公認是最完美的，過去得到巴拿馬金獎，它誇張的手法令觀賞人看到壺時，非常的震撼。我在展覽會上也複製了一把，過去我在顧老的指導下也複製了一件，當我要複製這把的時候，顧老微微的笑，看著我，當時有幾樣作品可以複製，看我要挑哪一件，我挑了掇球，顧老微笑了，後來，我理解到我挑這把壺挑對了，因為我也做到了她這個程度，我經過顧老的指導，做出來我的秀珍掇球壺，把它的一部份略為改變一些，成為我的創作。之前人家認為我的作品做得很好，很成功，展覽的時候，我也不謙虛，這個壺是經典作品，這壺過去拿過巴拿馬獎，是非常完美的一把，我有幸在顧老的指導下複製這一件，我覺得很滿意。

范 **您和高先生結合是因做壺而結緣，還是之前就認識？**

周 是因為做壺而結的緣。之前，也認識，大家也見面，那時大家都很年輕，在廠房食堂也會見到面。但是，跟其他同事一樣，只是會見到面。

後來會結合，主要是顧老，他是他的得意門生，顧老同時也很看重我，覺得我能吃苦耐勞，確實也是他比較滿意的一位。所以顧老湊合我們。

范 **您做壺那麼多年，有沒有比較不滿意的作品？**

周 有的。剛開始的一段時間，也就是剛進廠的時候，先是做最普通的，練基本功的；慢慢的我複製高檔商品壺，再接下來就鼓勵大家創新、設計，那時我是不大具備能力。但是，在高海庚的幫助下，也做了一些樣品，他是比我超前得多，他經常設計，我們也有合作的作品，如集玉壺、追

月，還有環龍三足壺等，這些都是我們合作很成功的作品。那麼，一方面是仿古複製，前面說了在技術上的提高跨了一大步。接下來，在 1985 年 12 月高海庚因為工作非常辛苦，正在修窯的時候，因為心肌梗塞，突然就逝世了，這在我們紫砂界是一大損失。他的設計很成功，他早期的作品非常好，更重要的就是把中國的紫砂領域帶到一個嶄新的時代。但是呢？就在這個時候，他逝世了，對於我們這個家庭我覺得更慘重，因為，過去我跟他合作，有他設計，他指導，再加上顧老在技術上幫助，這是我的兩大支柱，我毫不猶豫、毫不顧慮，我們做了很多作品。他逝世後，首先我失去了我的另一半，無論是工作、生活，都失去了一個依靠，而顧老也很傷心，失去了那麼好的一個學生，但是顧老仍不斷的鼓勵我，繼續的教我，長方扁壺、漢方壺等這些技巧。還有中央工藝美術學院的張守智老師，他設計了很多紫砂壺，也跟不少人合作過，而我跟他接觸的最多，高海庚在中央工藝美術學院的時候，跟他也是師生關係，他對我總是另外看待。這時他也設計了好幾個壺，我比較喜歡的是光素的，他設計的我都喜歡做，我受到他這方面的影響不少，這些在我的成長過程裡面幫助很多，我覺得只要我能接受外界的東西，對我是有幫助的。在此之後呢？我想我必須要靠自己來。況且，還有一位老人在支持我，因此，我就做自己的東西，但是，在這個階段我做自己的東西也有不成功的，往往在做的時候覺得好，但是，在設計上不理想，就是做一把、兩把，我就不願意做了，只要對我自己來說屬於不成功的一面，我就不做了。但是也有設計的好，但做出來的效果不好的。另外有一種是，在加以修改後，才成為較成功的，再做一次會更完美，這種會成為我比較成功的作品。

范 **周大師您認爲做壺，是先模仿、複製，還是一開始就創作？**

周 我好像還沒有這個想法？基本上，我們是練基本功的，慢慢才做高檔的，大都是傳統的，日用的較多。用顧老的說法，最一般的壺，同樣一件作品在顧老的手裡，呈現的效果就不一樣，這是他的藝術修養。您說是創作先還是傳統先，我覺得是一起的，從傳統裡尋找創作，從創作裡延續傳統。

范 **您一生都在做壺，您認爲做壺對於人生，人生觀有沒有影響？**

周 有的。無論過去或現在，我認為做任何東西都要認真刻苦，這是前提。然後，你有多少天份能發揮出來這是固定的。我覺得在人生當中，無論您有名氣，還是沒有名氣，只要實在的做事，就能得到人家的肯定。認真的對待作品，認真的對待自己。

范 **談點輕鬆的。您的家庭生活和怎樣教育您的子女？**

周 在過去的那段日子，我們忙著自己的工作，我們夫妻倆很忙，顧不上子女多少，經濟條件也有限，都是他們自

己上學、讀書，高中畢業後，他們的父親就不在人世。在那個時候，我非常感激我生活圈、工作圈的人的關照。我的子女也給我很大的鼓勵，我的子女在學校裡得到「三好學生」；我的兒子在南京藝術學院裡得到兩次的劉海粟獎學金。這也給我很大的鼓勵，心裡想著如何不讓我的孩子因為沒有父親而造成某種心理影響，我也盡量彌補他們這一方面。他們大學畢業，對我來說也是一種鼓舞，那個時候，我的女兒再考上研究所，到了日本長野藝術學院，學成回來再到中國藝術研究院。我覺得，我們陶工輩的下一代孩子能走出大門，到外面去多學文化，多開眼界，他們這一代一定比我們這一代強，我們就是盡量的支持他們。

范 **您現在除了做茶壺之外，您的休閒生活最喜歡做什麼？**

周 我呢？說實在話，我沒退休以前在家裡，就像我們這一批從小在一起的，一直到退休，如果真是不在子女的身邊，沒有我這一做幾十年磨練的工作，我可能會覺得無聊。我過去有一個想法，女的一般來說到了50歲左右，當她有了第三代的時候，她的腳步就慢下來了，她就覺得應該支持第三代了！老的只能做點家務活，工作也鬆懈下來了！我就因為有這個工作，特別是我不是一般的做紫砂壺的人，我也喜歡這個工作，所以就不願意因為到了這個年齡，就把腳步放慢下來。在宜興這邊，我有很多朋友親戚，現在來到北京，偶爾我還是要跟他們聚聚，況且那個地方也好，地方也大。我一到北京就是有點不適應，還有一個原因，就是我脫離了我過去的群體。另外，還有一個理由是北京的氣候乾燥，在生活上，這幾年我都可以將就，比如說，南方的生活習慣我已經過慣了，到北方來，北方的口味，這點就容易適應。但是，氣候的乾燥呢？在工作上來說，是有一點難度，包括汽車嘟嘟地開到我這邊來，我突然間要靜下心來做些事的時候，這需要有一個緩衝的過程。諸如前面這些，我慢慢的都克服了！我可以沒有太多的朋友，我就是做我的愛好，我在天氣暖和的時候呢？在院子的周邊種一點我從南方帶來的菜籽，種一點菜，也不施肥，全綠色的，這一點我高興！在那邊種一點扁豆什麼的，非常高興，有時候，北京這個大城市展覽多，去看看展覽，還有古玩市場，或者是到一些地方稍微逛逛，看看外面的世界。在空氣乾燥的情況下，就買一部大的增溼器，增加一點溼度，就能克服氣候的問題。幾年下來，我覺得生活很充實，我不會搓麻將，不會打撲克牌。有時候和小孫女玩玩，或到外面散散步，我覺得很充實。

范 **請您談談目前茶藝界或者是壺藝界的看法。**

周 我剛剛還落了一段，就是當我從城裡回來，乘車回到家中，要一下子靜下來做事，這個緩衝的時間，做什麼好呢？我只有喝茶，一個是習慣需要，另一個就是得到一個緩衝的作用，自然而然就慢慢的過渡到平靜的心境了！一下子

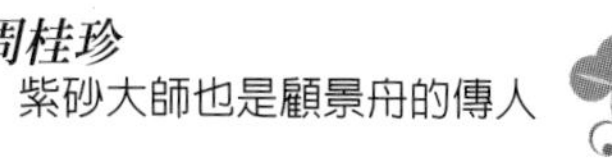

回到這裡，第一件事就是喝茶，雖然我們一家子在北方，但是各種各樣的茶都有，應該說，都還是可以喝的。喝了茶，定了心下來，開始工作。

范 **那麼，請問周大師，您最喜歡喝什麼茶？**

周 我是推薦我們的宜興紅茶，陽羨最有名的嘛！從宋代開始就有茶了！過去，我和我的先生高海庚一起的時候，常說：做壺的人一定要喝到宜興最好的茶，我們用我們的一把壺泡大杯的宜興紅茶，但是，隨著大環境的變化，北京的人從大碗茶喝到現在用我們宜興的壺喝功夫茶，而我呢？也跟著在變化，宜興的紅茶現在可能在一定程度上，製作的品質有一些差別，現在即使我喝到送給我最好的紅茶，但是現在有各種各樣的茶，尤其後來在90年代左右，又喝到台灣的凍頂茶、鐵觀音茶，都覺得好喝。

現在慢慢的廣泛多了！武夷岩茶、普洱茶，什麼茶都喝了，只要覺得好喝！

范 **那您喝茶，有沒有什麼習慣，什麼時候喝什麼茶？**

周 一般來說，可能因為年齡的關係，下午喝茶有時候影響睡眠，我喝普洱茶就沒有關係！我也說不上特別喜歡什麼茶，反正那個茶種我嚐了是好茶，我就喝。

范 **目前您對壺藝界，就是茶文化界，您有什麼看法？**

周 一般喝茶也不強求人家非得用名人做的名壺來泡，若他喜歡用紫砂壺來泡，無論是小壺、大壺，只要喜歡紫砂壺，用怎麼樣的造型、怎麼樣的顏色、泡怎麼樣的茶，看各人的愛好。但是，如果喜歡選壺的話，就按個人的經濟條件了，就是最普通的紫砂壺，功能好，價格便宜，他也可以買來使用。單就茶來說，也同樣的道理，好的茶有幾千塊一斤，還有更貴的也有，根據經濟狀況而定，喝茶愈喝口愈刁，喝好的茶葉慣了的人，要他喝不好的茶葉就喝不上口了，如果有一些人，他捨不得買好的茶葉，買了好的茶葉後，如果用大壺泡，茶葉會浪費掉，也可以用小壺來泡，能泡出好茶來。

香港有一位富商羅桂祥先生，他生前就說要挽救傳統工藝，他是紫砂的支持者。我們前面提到過，它是傳統工藝，仿古複製也好，紫砂這個民間藝術也好，它是傳統工藝也是一個地方性藝術。就我們人的角度來說呢，應該是踏踏實實去做，這個藝術並不是說學了幾天你做的壺就賣得好價錢，幾年你就成為一個大師，不是這樣的。我們過去是吃了不少的苦，況且在吃苦的同時，我們幸運的有高師指點，造就了我們這一代的成果。

范 **您的意思是說，要成爲一個大師，除了自己踏踏實實的吃苦毅力之外，還要有高師的指點。那還需要不需要一點天賦呢？您除了做壺之外，還做過別的紫砂嗎？**

周　要，絕對要。你知道，我那個時候收800個學生，淘汰到只剩300個人，還有人往外調，不想做。留下來的慢慢慢慢地磨練，吃苦的好學生，一個階段一個階段的上去，上不去的就淘汰，有些人就是上不去。過去在60年代文化大革命的時候，沒有人喝茶，因為被排在鬥私批修裡面去，我們沒有做壺，做花盆賣到日本去。做紫砂壺的留下三個班組，不到一百個人。其他的人就做餐具、花盆之類的作品，我也做過這些東西。

范　**我的祖先也做過陶，在宜興做過陶，那是范蠡，他在宜興做陶，賺了很多錢，後人稱他爲陶朱公。**

周　哦！是的，在那個划船的地方。

范　**謝謝周大師接受採訪！謝謝！**

滕　軍

日本茶道文化學博士

——談我國如何開發茶藝文化教育

滕軍博士，北京人，現任北京大學教授。東渡日本留學十年，畢業於日本神戶大學並取得文化學博士學位。滕軍教授在日本期間專研日本茶道文化，在中國來說，滕教授無疑是日本茶道文化的專家。

滕軍博士的著作論文主要是日本茶文化方面的相關作品，例如《日本茶道文化概論》、《日本茶道之真髓》、《中國茶文化之異同和展望》、《茶道思想源流研究》、《日本煎茶道簡史和現狀》等。

認識滕軍博士是1993年的冬天，我應日本茶道裡千家駐北京辦事處的邀請，在長富宮飯店演講，滕軍女士也是出席者之一，由於都是茶文化的愛好者，隨後就保持著聯繫。1996年2月滕軍博士和她的老師滄澤行洋教授應我之邀請來台灣訪問，滕軍博士是中國大陸第一位經台灣教育部以傑出人士特別批准來台灣訪問的茶人。在台灣期間遍訪了台灣主要的茶區，到了茶業改良場、南投凍頂茶區、名間松柏長青茶區、木柵鐵觀音茶區等，並與茶界、學術界人士座談、交流和訪問，相當圓滿成功。

2004年2月28日，我在北京「老舍茶館」邀訪了滕軍博士。

＊　＊　＊　＊　＊

范 **請滕軍博士談談您到日本留學的過程和學習日本茶道的大致情形。**

滕 我是1984年東渡日本留學，1993年學成回國的。日本茶道從最基礎的「入門」到「教授」，有16~18個段位，要獲得所有的段位，一般需要15年左右，大約需要花費100萬日元。日本茶道非常講究傳統和萬般格物的精神，對於每一個細節都很考究，點茶的人時時都為客人著想。至今仍然嚴格規定，在行茶道時要穿400年前的服裝、草鞋等等，連客席上擺出的煙具也還是煙絲、煙袋。

范 **您認爲日本的茶道和中國近年興起的茶藝有些什麼不同？**

滕 總的來說，中國的茶藝以品飲為主，日本茶道乃以程序為主，這與兩國茶葉的品質不同及茶文化的精神背景不同有關。實際上，中國茶藝已吸收了日本茶道中的許多東西。本來，中國茶藝是沒有什麼表演的，是因為受到日本茶道來華表演的刺激才產生的。雖然日本茶道沒能敞開胸懷接受中國茶藝，但是新型的品飲中國茶的活動正在日本悄悄興起。

范 **請問滕教授，我國應該如何來開展茶藝文化教育？**

滕 這是個很難回答的問題。目前，我國的社會經濟發展水平離先進國家還相差很大的距離，人們接受教育的目的還在求生存方面。即學得某種技能去找工作、掙錢等。目前在某些高職開設的茶藝課程教育及社會上流行的專為培養茶藝員的培訓教育就說明了這一點。但茶藝的教育又是十分重要的，它可以填補我國目前教育的某些不足，它可以挖掘真正的人性、人情，培養人的自我評價能力，塑造獨立的人格，是不可不重視的。如果現在對那些不曾真正感到溫飽的人施以茶藝文化教育的話是不切實際的，在充分肯定上述已進行的茶藝文化教育的同時，試想在藝術家、記者、學者群中，首先開展茶藝教育的課，是否可行呢？我們可以組織專門的藝術家、茶藝學習班，或者去美院開課，使輿論上知道：做為一個中國文化人，茶藝是必備的藝術修養要素之一。這樣做，是否會提高茶藝教育的層次，並推動它的發展呢？

范 **我國的教育強調德、智、體，是否還需要加強些什麼？**

滕 中國的基礎學科教育已受到世界的矚目。具有雄厚的學科實力的才子活躍在世界著名大學裡。但，中國人裡仍缺少大師、大家，缺少開創時代性的大人物。這一點也早已引起人們的反思。目前，在學校教育裡，德智體三要素的評價方法都被「量化」，但這只包括了塑造一個現代社會的成員所必備的教育。例如，怎樣的人可以用他的某個技能服務於社會，保障生計，可以不觸犯社會的運行法規，客觀上達到維護社會秩序的作用。但若要使之成為有創造力，有影響力的大人物，尚須「非量化」部分的教育。例如：對整個人類的慈愛，對周圍事物的體悟，對美好景致的感動，對不同人群的寬容等。有了這些「非量化」的素質，此人才有可能成為一位大人物。而茶藝文化教育為我們提供了「非量化」教育平台。

范 **目前北京大學的茶藝文化活動情況如何？**

滕 應該說開展得不夠理想，同學們的日常學習生活很忙，有的人週末也不能空下來，要去上第二學歷，輔修等。學習成績好的人才能獲得獎學金，進了北大以後，仍有激烈的競爭，所以，同學們很難安下心來學習茶藝。往往是茶藝社的社長最積極，因為做社團負責人的經歷可增加就業條件的籌碼，校方的社團負責部門經常問有否辦活動（活動過少社團就會被取消），這就促使社長們積極操辦活動。但視時間如生命的北大學生往往來之急，去之亦急。在每年幾次的茶文化活動時，往往聚起來聽一個有關茶文化的報告（多數由我來講），看一次茶藝表演（由茶藝社操辦）便匆匆散伙，不能經常性地開發茶藝的學習和觀摩活動，當然，這與我這個指導老師的指導力度不大也有關。

北大學生是在1997年，由我和同學們一起創立了北京大學東方茶文化研究會，開展一些活動，每年都做一些講座和交流活動。但苦於沒有資金來源，時時要我自己掏腰包，活動受到了限制。

范 **您在日本留學多年，現在在全國最高學府擔任教學，請您談談我國大學生和日本的大學生最大的區別有那些？**

滕 恐怕在團隊精神和適應能力上有很大的差別。當然，我是在挑中國大學生的刺兒。日本學生雖在學業上普遍不及中國學生那麼認真，但一旦組織起來活動，卻個個精神頭兒十足，他們可以在短短時間內進入各種角色，有財務、採購、會議主持、會場嚮導、攝影、記錄、報導、外聯等等。你可以驚訝地看到平日在教室皮皮搭搭的學生頓時變得精悍十分。但中國的大學生們在組織活動時往往找不到自己的定位，或者可以說幾乎所有的學生都適合做會議主持和會議外聯，而其他的角色就沒人去做，也沒人能做了。這反映了中國應試教育所造成的不良後果，人才的類型單一，人才的適應範圍偏窄。一個真正優秀的人才，應在複雜的環境裡去充當最需要他的角色，他往往可以隨時充當十個以上的角色，而不是任角色空缺而自己也沒來做。學習茶藝，可以讓中國大學生去發掘他們身上的耐心、細緻，在複雜的事物中，把握秩序的能力。

范 **是否請滕博士簡單的說明一下，日本茶道文化的特色。**

滕 日本茶道是中國茶文化在異邦結出的友誼之果。初時的日本茶道，禮節細膩繁瑣，規則嚴謹呆板，到了16世紀，經茶道集大成者千利休改革簡化，致力推廣，才逐漸在中下層社會普及，形成了全民參與的局面。千利休為草創的日本茶道，立了「和、敬、清、寂」四規，也訂了七則，那就是點茶要溫度適宜、放炭要恰到好處、茶湯要冬暖夏涼、鮮花要妙趣插成、儀式須提前準備、須帶備雨具、待客要心誠意誠。

千利休被日本人民譽為「茶道始祖」。他曾用一位叫藤原家隆的和歌來表現自己的藝術境界。

莫等春風來，莫等春花開；
雪間有春草，攜君山裡找。

意思是說：世上的人們出去欣賞那些美麗燦爛的櫻花，當大雪紛紛時，只坐在家裡，消極地等待春天的到來，殊不知在深山裡的積雪下面，一棵棵鮮嫩的草芽已散發出春天的氣息，我們應努力地去尋找它們。

千利休的茶道境界是積極的，富有創造性的，是一種積極進取的人生觀。

范 **請問一般日本人對茶道的看法如何？**

滕 在日本，各小學、中學、大學、公司裡，都有茶室和茶道俱樂部，供人們學習茶道之用。女孩子在結婚之前要密集地學習一下茶道，以備嫁後不失體面之用。日本婦女在公開場合下的那種不卑不亢，有禮有節的舉止表現，可以說都是茶道禮節的活用。

范 **目前的日本人對中國茶的看法如何？**

滕 日本人一般是習慣飲用綠色的茶，對中國茶的黃色不習慣，再就是不會沏泡中國茶，往往不知道要用高溫水，多泡一會兒，第二泡才好喝之類的常識。現在有愈來愈多的日本人喜歡中國的烏龍茶了！在日本的大超市裡也可以買得到中國茶，尤其是烏龍茶飲料。在家裡沏泡小壺的功夫茶還是比較少，不過已經有中國茶藝的店在日本開張了！

范 **您在北大主要是開了那些課程？**

滕 除了指導東方茶文化社之外，主要開的課是，〈中日文化交流史〉、〈日本傳統文化與藝術〉、〈日本民俗學〉、〈日本美術史話〉、〈日本史〉、〈日語報刊閱讀〉、〈日語視聽說〉等等。

范 **請問滕博士，您平日最喜歡喝什麼茶？**

滕 比較喜歡喝花茶，但客人來時也喝其他的茶類。

范 **請您談談對中國茶文化發展的看法。**

滕 在北京發展茶文化是有利的，知識層厚，外國人也多，沒有種茶人，茶的消費全靠去商店買，離茶產地遠，反而使人們更嚮往茶文化。

茶文化的發展可以從婦聯、工會、老幹辦、退休辦、學校社團等方面積極開展。先讓這些人認識茶文化對人的情操、品行有甚大的影響，讓茶藝成為表註一個人、一個家庭、一個單位的品味的一個標誌。公司裡來客應「客來敬茶」，家裡來人也要奉上有點名堂的茶，這樣一來，茶葉的銷路就好了！茶具也賣得多了！茶文化的發展也就快了！

我國的茶文化發展一定會越來越好，隨著我國經濟的進一步騰飛和人民生活水平的日益提高，人們對茶的關心，對茶文化的關注會越來越多的。茶是中國的特色文化，未來的茶藝館業主們恐怕會湧向海外，去把巴黎的咖啡店改成茶藝館。

范 **請您介紹一下您的家庭生活和對自己的看法。**

滕 我愛人是留日的博士，是日語專家，在北京外國語大學擔任教授，我有一個兒子，16歲了。孩子的爺爺也和我們生活在一起。我在家裡不做飯、不買菜、不打掃衛生，全權委託給我的助手，我則可以專心研究學術，教課，寫書。

我對自己仍然在不斷地改進完善之中。聽別人說，我是比較平易近人，善解人意，能夠使和我在一起的人感到快樂。在學術上，我要求自己實事求是，有多大天分，能做什麼就去做什麼，不驕傲，不誇張，一步一個腳印，只是一天都不要鬆懈。

張　荷

文史編輯工作者
——談愛上茶的來龍去脈

張荷女士，是很有氣質的女孩，學歷史的，也就是學文的吧！中國人過去所謂的文史不分家。認識張荷最早應該是1994年吧，記不起來是怎麼認識的，曾經有過一兩次較深入的交談。雖然我常常在茶藝上想到她，但是很少得到她主動的聯繫，總是我主動連絡她的，所以我曾經想過，是不是我們道不相同。2004年2月19日，我主動打電話給張荷，請她到外事職高的中華茶藝園來，中華茶藝園成立了6、7年了，我想張荷可能都沒有來過，特地請她看看，也採訪了她。

*　*　*　*　*

范　**請教張荷小姐，談談您的成長過程，家庭狀況。**

張　我其實很簡單的，從學校畢業出來，到中華書局工作。我的祖籍是浙江省寧波人，小時候分別在兩地長大，爸爸媽媽在北京工作，爺爺住在寧波，他們工作一忙就把我放在寧波。念書也是兩邊都念過的，但是，大學是北京大學歷史系畢業，研究所是在北京師範大學念歷史，專攻中國古代史，大學時主要是研究唐代敦煌的卷子。到中華書局是在「文史知識雜誌」部門。做雜誌接觸面較廣，各方面都接觸，較多的精力是放在文化上，放在古代的文化史、社會史方面。我喜歡茶，其實也是很偶然的。原來對於茶沒有太多的接觸，小時候只是看祖父、祖母喝茶。那個時候，大家生活不是很富裕，我小時候正是文革時期，所以對茶的感覺不是很多。茶對我來說最有感觸的一次還是到法門寺那次，就是第一屆法門寺茶文化研討會的時候，那次可以說是我第一次真正喜歡上茶。以前茶對我來說只是能喝的東西，沒有特別的感覺，就像喝白水，喝飲料，都是一樣的東西。在法門寺那次，接觸了很多的茶，接觸了很多很多茶人，看到很多不同茶的泡法，很多的茶香給我很大的震撼，現在回想起來還讓我記憶猶新。

范 **您爲何會到法門寺？**

張 我去法門寺並不是為茶去的，因為做雜誌需要採訪，在法門寺進京展覽的時候，我對於那些出土的茶具沒有多少興趣。我只是想看看法門寺，不是去看那過時的東西，純粹只是想去看法門寺而去的；而且我對佛學、禪學一直比較有興趣，我奶奶是信佛的，小時候就經常帶我到廟裡去，雖然那時還懵懵懂懂的，也不知道佛是怎麼回事，但是，就是很喜歡那種氣氛，所以才去法門寺，看那個佛舍利呀！但是一到法門寺覺得收穫最大的，還不光是看到法門寺，而是從中接觸到「茶」。

范 **茶的哪個感覺讓您那麼感動？那麼震撼？**

張 我認為：第一個，不是茶的那種各式各樣的泡茶形式，而是泡茶時泡茶人的那種沉靜的態度，讓我覺得這茶像給我一種生活態度，茶這種清幽的狀態和我內心深處的某種

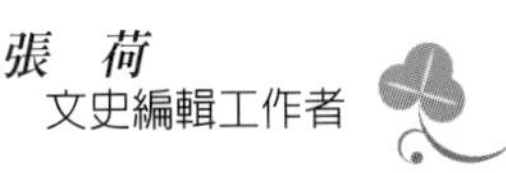

東西契合了！所以，一下子就喜歡上了，有時候您也覺得如此吧！您如果刻意地去研究，去做什麼東西，往往很難投入，而茶卻一下子就把我拉進去了。

范　經過那一次之後，您如何持續維持對茶的震撼？

張　回來後就找各式各樣的茶，也注意各種各樣的茶具，那也只是想從一些外在的東西去了解茶。其次是看茶書，包括陸羽的《茶經》等，書局裡凡是有關茶的書我都會去翻閱，我在中華書局也比較有這個優惠，去北京圖書館！看了這些書之後，反過來又給我很多促進的作用，讓我了解到古人對茶的認識，慢慢地也讓我領悟到茶的內涵而不是表相的形式。但是後來更多的感悟還是形式上的，我覺得當時在95年之後，大家對茶還是很粗淺的認識，也沒有這麼多的茶藝館，也沒有這麼多的人去喝多品種的茶，那個時候是很單一化的，北京人大概就是喝花茶，然後就是他們叫「高末」的一種不是很好的茶，拿一個大茶壺來泡，釅釅的，濃濃的，用這樣來待客，好像最能體現誠意。那個時候，整個社會對茶想法，是比較初級的階段。我對這個東西又感興趣，所以就和朋友幾個人湊在一起，想對茶做點事情，更多的是模仿學習，怎樣讓更多人了解茶，茶是怎麼泡的，比如說，綠茶、烏龍茶是怎麼泡，就是從模仿開始。96年我們幾個人大家都很有熱情，想做點實在的事，對一些人講「茶禪一味」，茶的精神部分，我覺得還是很空泛的，可能還是需要從這個形式、這個表相入手，慢慢深入地研究進去。那個時候我說要做點事，大家便湊在一起，每個人湊了一千塊錢。我們三個人就研究做些什麼？因為北京人愛喝花茶，清代花茶也比較盛行，包括慈禧呀，大多喝花茶。所以在北京這個地方嘛！我們還是從花茶開始，我就是先做腳本查了很多的書，把這個花茶泡茶的程式結構給搭出來，根據這個結構寫解說詞，去買茶具，今天到這個店去轉，明天到那個店去轉，轉遍了北京的店，買了蓋碗呀！買水盂呀！買各種各樣的罐呀！當時北京要買隨手泡這樣的東西，還不是特別容易買的，好像只有天福那可買到，而這種東西和我們對花茶設想的區隔好像又不太相符，所以我們就到天橋那邊有一個做火鍋壺的店去訂製，我們用來表演的那個大銅壺及那個爐子，尤其是那個爐子現在看來，很多地方像火鍋的爐子，就是因為在那個地方做出來的。當時就做了這樣一件事，包括服裝、桌椅板凳等，華僑茶業基金會給了我們一些幫助，給我們地方，在那裡訓練，劉崇禮先生也經常陪我們，常折騰得很晚，在97年北京展覽館那次的活動上，我們也就把它拿出來表演。大眾反應還不錯，當時，大家心裡都還不是很有成就感，至少我們花了心血在裡邊，沒有白費，還能夠被大家認可。原來想趁這次多做一點事，但是，因為大家都來自不同的地方，劉先生也想給後輩一點力量，只是人員的流動性比較大，這個又是一個很鬆散的組織，你忙這個，我忙那個，大家一忙自己手頭的事，慢慢的聯繫就淡了！但是也

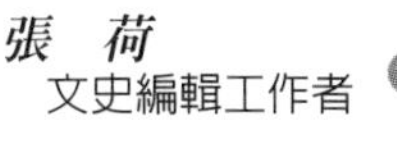

維持了兩三年。我是從這件事開始對茶藝、茶文化的普及盡了一點點心力，到了99年我本來想再進一步做些什麼，從書裡也好，從畫裡也好，把一些古代的茶藝復原一下，只是做了一些工作，條件也不是太成熟，這個事情到現在也還只是一種想法，一種準備階段，很多的東西仍然沒有實施。

范 **您從事茶藝方面，很多的搜索、模仿或者是創作，這個工作在大陸來說算是比較早，在這個過程當中，是創作多還是模仿多？您的用意是純粹的個人興趣、陶冶生活，還是有某種的使命感。**

張 我覺得都有。先說那個創作或模仿，我覺得在茶藝方面現在大體上都差不多，包括這個花茶，我們也借鏡了很多其他茶的方式，我覺得很難說完全是依自己的創作，很多的部份是借鑑，但是把它整合在一起，重新組織了以後，在當時花茶的沖泡方式來講還是比較新，後來，也有很多地方在學習，在模仿，那一次在電視上看到「老舍茶館」表演的那一套跟我們的就很相近。我覺得在當時那個時代，花茶泡法在更多的模仿、借鏡的基礎上面，還是有些自己創造的東西。做綠茶和烏龍茶借鏡的東西更多些，基本上是那種在泡法上、手法上有更多的借鏡。

您提到是因為個人興趣上、修身養性上，還是有什麼使命感，我覺得兩者都不偏廢，都在做。更高的目標是向社會來推動文化，宣傳茶文化。可是，在您所做的很多的工作當中，就是在修身養性，您回家練習，在尋找東西，這些都是修煉的過程。是在大的背景下面自己一點一點的修煉，一點一點的去接近大的目標。

范 剛開始您愛茶是到法門寺去看了，感動了；然後您能繼續的去推動茶是個人在感性上的喜愛，還是也有想恢復傳統茶文化的那種使命感，還是純粹是個人休閒、興趣？

張 就我個人來說，做為自我修煉的成分更大一些，但是，我周圍的朋友跟我接觸看到我泡茶，他們就感興趣。這時我覺得應該讓自己的朋友、周圍的人喜歡，然後就要讓大家看到我表演，看到我泡茶，看到我泡茶的人都能喜歡，都能夠從中接觸到茶，最後也喜歡茶。我那個時候，無論出去郊遊或開會，我都帶著茶具，去到哪泡到哪，也因為這個，周圍有一些朋友都是因茶而認識聚在一起的，包括我的同事，一開始他們並不喜歡茶，而且公司裡每年防暑降溫飲的花茶，喝了就是那樣。我們有一次到大覺寺開會，他們看到我帶茶具，在那裡取水泡茶，喝了後覺得這茶不一樣，從這時開始他們就喜歡泡茶，進一步就知道這個茶是怎樣的，是為什麼會有這味道，和我自己泡的花茶為何會不一樣，然後就去了解茶具，為何要用這種茶具，為何要用這裡的水，這裡的水和城裡的水泡出來有何不同，一步一步的去了解，最後到各種茶，這茶是何種味道，去探究，那就不斷進步，在進步中也促使了大家不斷的去查詢資料。最後，變成每天中午聚在一起把好茶都拿到這裡大家一起品嚐，其實無形當中，接觸的面也寬廣了！把周圍的人也影響了！覺得很多時

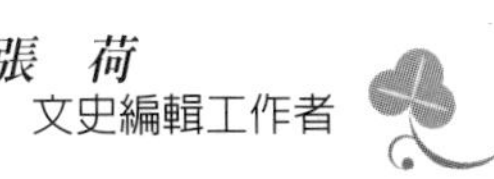

候光講要怎麼弘揚，怎麼推薦，是比較空泛的，我更願意一點一點的影響周圍的每一個人，讓圈子一點一點的擴大。我周圍的朋友，他們也買了茶具，也影響了他們的朋友，這樣子圈子就越來越大。後來，我雖然離開了那公司，但他們喝茶的習慣依然存在。所以我覺得，一開始是自己想喝，自己想要的一種生活方式。到97年那一段時期，不斷地去做茶藝表演，是想讓更多人知道，變得比較務實一些，希望一點一點的擴大影響。

范 **您在茶藝表演、操作，尤其是烏龍茶方面，您說借鏡或模仿別人比較多，您借鏡、模仿的是哪方面？**

張 烏龍茶方面是這樣的，主要還是台灣方面，我找了很多資料和照片來看，當時在北京正好有台灣人來開店的天福茶莊，他在賣茶葉的時候，裡面有一個茶桌，曾經在王府井教堂邊上，現在這個店已沒了！那個店我經常去看，看久了就熟起來，其中有一位李老師，我們5個人就跟他學烏龍茶的泡法；另外，北京茶葉學會秘書長，張文彪先生也在教比較傳統的潮汕式的功夫茶泡法，我也跟他請教。我認為這兩種都學習了，都對我有影響，現在我很難說我泡的烏龍茶適用哪一種方式，有時候我適用台式的方法；有時候我可以偏重潮汕式的方式，針對不同的對象而定。如果他是剛喝茶的，我可能用聞香杯、品茗杯，讓他感覺比較深刻一些，我就用台式的泡法；如果他是比較熟悉茶的朋友，我就用潮汕式的泡法多一點。

綠茶、紅茶、普洱茶之類的泡法，我是更多模仿別人的，從資料上學習的，我覺得基本上這些都是學習的過程。

范 **您介入茶藝界也有10多年了，您對這個茶藝的發展及茶藝發展的過程，有何看法？**

張 我是這麼覺得，茶藝從我接觸到現在有一個很大的發展，這個變化相當大，而且變化也很快。因為當時我們做的時候，總是覺得了解茶、知道茶的人太少了，到處去尋找知音，但現在一提到我們到哪去？周圍的朋友就會說我們到茶館去坐坐吧！我覺得茶已經深入到人們的日常生活中了，原來是我提議去喝茶，現在反過來周圍的人說我們去喝茶吧！我覺得這個變化已經很大了，也是我希望的一個變化，這是透過茶來修身養性很好的生活方式，一種生活狀態，現在很多人接受了。現代都市生活節奏快，在快節奏的生活中必須尋找一個心靈的棲息地，而茶是一個很好的寄託。所以現在很多的人能夠接受茶。另外，也是現代人的生活水平提高，他有能力去茶藝館，有這個能力去喝各種各樣的茶，去買茶具，而人們也希望自己的生活方式更加多采多姿；而不只是很單一、很單調的吃飯睡覺，還有和茶業界多年的努力有關。

我覺得茶藝有很多屬性在裡面，很容易吸引女孩子，特別是類似小壺、小碗的東西很能吸引女孩子，現在很多小孩子喜歡來泡茶，我們也跟一些小學合作教授茶藝，給孩子辦講座，他們也很有興趣。讓更多的人能夠比較有系統的、比

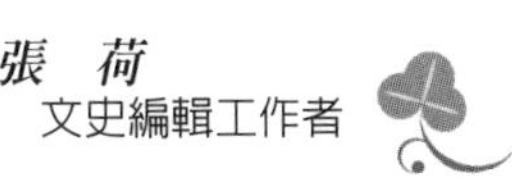

較專業化的了解茶，讓茶在比較正常、良性的軌道上發展。現在來看，這個茶藝的發展趨勢還是很好的。但是，有一點我覺得現在很多教茶藝的太過注重形式的東西，就是怎樣把這個動作做得更花俏，更優美，而跟這個茶的結合是否貼切，符合茶性，這方面就考慮得不夠了，有時候您到茶藝館去，看到一些小姑娘泡茶泡得很熟練，但是給人一種商業化的感覺，她只是完成一個程式。

范 **您對這個茶藝、茶藝館有什麼看法？**

張 我覺得茶本身是一個很包容的東西。我很希望有一個規範，但是從心裡又覺得茶很難規範。因為，茶不是同一種茶，也不是同一批製造的東西，更不要說這個春茶、夏茶、秋茶、冬茶。從茶的泡法來講，您可以從動作來程序化，解說詞可以規範化，但是，更突出的茶性，如何讓茶發揮茶性到最佳狀態，還是很難規範的。有時候，我也覺得很矛盾，您很難讓某種程序去適應每一種東西。就說烏龍茶吧！不要說綠茶，綠茶種類更多了，烏龍茶的整個製作工藝、茶質等都有區別，很難去規範。因此我覺得跟日本的茶道不太一樣，日本茶道本身就演化為一種禮儀，以為一種禮儀的形式出現，中國的茶向來都是種品飲，注重怎樣把茶泡得更好。

范 **那您認爲茶是偏重於本性方面還是形式方面？**

張　我認為如果做為表演，可能偏重於它的形式；但是，如果做為喝茶、品茶來講，還是注重它的茶性。如果在舞台上它是一種形式，在生活裡它可能又是一種狀態。做為一種表演形式來講，它應該更規範、更標準；而且，要讓大眾都看到美的一面，一招一式都是很清晰的，如果在生活裡要更大眾化普及化，基本的規範不能打破之外，我覺得還要有一定程度的自由。

范　**現在茶藝已經成為一種職業，茶藝師已經認證考試了，您對這些有什麼看法？**

張　我聽說了，但是，我對茶藝師的考試還是認識很少。我覺得茶藝師的服務人員是非常需要接受一定程度的教育和培訓的，至少從事這個行業，對茶的了解，對中國傳統文化的了解，要有一定的素養。我覺得茶還是中國傳統文化的一部分。到茶藝館不光是來喝茶，還要領悟到茶的內涵方面的東西，茶的內在、內涵，這些就必須要靠茶藝師來傳達。四川的傳統茶館是讓人聊天的，現在來茶藝館的群眾往往是目的性更強一些，我覺得必要的茶知識，必要的傳統茶文化知識，必要的禮數，這都是必備的。否則的話，來了一個人，只要把茶泡開了，就算茶藝師，那茶藝館很難有特色，也很難發展下去。因為大家來不光只是喝茶、聊天，可能更多是來了解一些茶的知識，因為，他對茶必須要有興趣才會到茶藝館來。

張　荷
文史編輯工作者

范 **您認爲怎樣才能叫茶人？**

張 現在很多人都稱為「茶人」，我從來也不敢自稱為茶人，對茶人來說，他對茶葉本身必須要有很深厚的積澱，不光是要知道茶有哪些種類，更應該要對每一種茶有很多的認識，對於茶的文化也應該要有較深的認識，這樣才能稱為茶人，如果把茶人用得很浮濫的話，或者很隨便的話，那對於茶是很不尊敬的。

范 **您是學文史的，目前在出版社服務，一定也接觸了不少有關茶的書，您對現在市面上出版的茶書有何看法？**

張 這樣說吧！市面上出的茶書非常非常得多，有很多是屬於經過很多年的工夫做出來的，也有不少是抄來抄去的，而這種抄的書有很多在銷路上也不好，從很多方面來說也是一種資源的浪費，互相抄來抄去沒有太多的見解及自己對茶的認識，把別人的書、別人的觀點拿來一拼湊就成為一本書。所以，我也很想把茶書好好的做，讓大眾喜歡看，不要那些抄襲的東西。我一直很困惑的是怎樣才能做出一本大家都喜歡看而又不是那種老套的書。

范 **您對茶藝、茶藝館未來的發展有何看法？**

張 我對茶藝的發展，是比較樂觀的，我是看好的。我覺得人們在都市水泥叢林裡面居住，從內心來講會更嚮往接近自然，都市裡面跟自然最接近的，就是花草、樹木。就茶藝館來講就有一種跟自然接近的顯現，茶藝館給了人們一個和自然接近的一個場所，而茶也是大自然的一種表現，所以我覺得從今後來講，茶會越來越進入人的日常生活中。即使不進茶藝館，也會越來越多的走進人們的生活，成為人們生活的一部分，可能有些人喝茶喝得不像在茶藝館那樣規矩，那樣精緻，但是，對於茶，對於品茶，我覺得會越來越多人喜歡，越來越多人接受，越來越多人把它做為日常生活的一部份。現在很多的文化階層、商業階層、市民階層的人，都至少要自備一套茶具，其實這個茶具不是向別人炫耀，更多是為自己用的。所以，我覺得將來茶的走向會越來越好，包括與外界的交往愈來愈多，把茶做為一種禮儀，可以當作一種比較隆重的儀式，家裡給人泡茶什麼的，這樣能夠使主客的關係更接近，更融洽，也很真摯。這些都是茶帶來生活中親切的一面。我覺得喝茶的人會越來越多，對於茶的研究也會越來越多，不會像原來似的，一杯茶喝到晚。

范 **您是南方人，祖籍是浙江寧波，南方喝茶本來就很盛，浙江杭州是中國名茶的故鄉，寧波也是一樣，紹興過去有曲水流觴，喝茶很早，您南方也住過，現在住北京，也許您感受的是北方的情況，我們如果放開眼光來看整個中國，整個亞洲，整個世界的茶文化，您有何看法？**

張 茶文化是從南方發展到北方，現在發展到更遠，更北邊去了，可能是茶本身產地、習俗的關係，南方比北方盛得更早一些。但是，我覺得，我到東北方，包括西北，到蘭

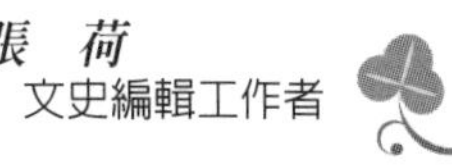

州去，那個地方的茶藝館跟北方這邊的，甚至跟南方沒有什麼特別大本質上的不同，它只不過自然條件不一樣，可能從外表裝飾得不同呀！有一些區別，它大致的走向基本上還是一樣，做得古香古色，讓它接近自然，有流水、綠樹植物，給人一種自然的氣氛。就是人們的一些觀念上很多也是一樣的，包括茶葉的品種，現在不像過去存在茶葉運輸的問題，像現在西湖龍井茶當天就能空運到北京來炒作，甚至更北更偏遠的的地方它都可以現場炒作，現在交通的發展，茶葉基本上除了產地之外，就茶葉成品來講，沒有太多地域的區別。最大的區別，可能在傳統的飲茶習俗，像北京可能花茶的份量占多一點，西北的磚茶，寧夏的八寶茶，這一類的茶，由於過去的習慣有些不同之外，真正的茶藝館裡面，在茶葉物品的品種上沒有太大的區別。

范 **您怎樣享受茶藝生活？**

張 平常在家裡最大的享受，可能就是泡一壺茶，聽聽音樂，彈彈琴。工作忙的時候很難把每一個細緻的動作做到，但總是備一把小壺，備一個大碗，然後一壺水倒進去，這一大碗就慢慢喝，我覺得這個茶已經成為生活中的一部份。朋友在一起就更離不開了，總是要泡上茶，在原來公司的時候，我們每天中午大家都要在一起喝茶，聊聊天，天南地北地聊，做為一種休息，大家交流一些訊息，互相之間情感也增進了許多，朋友也更近了，我覺得茶是一個很好的媒體、媒介，到了春天、秋天的時候，大家郊遊時必然有茶，不是自己帶著茶，也要找到有茶藝館的地方去，即使是爬山也好，肯定也是離不開茶的。所以，我覺得茶在很大程度上已經成為一種不可或缺的東西。

范 **談談您在家庭裡如何享受茶？**

張 我在家裡經常全家一起喝茶，大家忙的時候，可能是我泡茶的時間多一些，只要一看到我在泡茶，他們都會圍過來，包括我的孩子也很喜歡泡茶，他是男孩子，雖然不像女孩子那樣喜歡茶，但男孩子喜歡茶，並不是喜歡那些泡茶的過程和那泡茶的手法，更喜歡的是內涵。

范 **您平常喜歡喝什麼茶較多？**

張 季節不一樣喝不同的茶，春天、夏天，我基本上是喝綠茶，這樣能夠清火。秋天，氣候開始較涼的時候，我喝的是烏龍茶，暖暖身。到了冬天喝普洱茶和紅茶，季節不一樣喝的茶也不一樣。

范 **您對人生有些什麼看法？**

張 順其自然吧！對於茶的態度上也是一樣的，一種順其自然的態度，不像有些人，一定要達成什麼樣的目標，我基本上是這樣的。

張　荷
文史編輯工作者

范 **那您的血型是A型的吧？**

張 是的，順乎自然！

范 **好！謝謝！**

盧祺義

海派茶藝的發揚者

——談茶成為精神家園的點滴

（右一）

盧祺義先生是上海人，十多年來，全心推動茶文化，是我國舉辦國際茶文化節歷史最久、影響力最大的上海國際茶文化節的幕後推手，也是執行者。自1991年初識，十多年來，雖少有交談，但幾次在《茶報》上看到他的文章，也常常想找時間和他談談，總是時機沒有成熟。2003年4月的「上海國際茶文化節」我們又遇上了。於是，我決定採訪他，但又由於我應邀為高級茶藝師的培訓班講課，時間上湊不起來，因此，又耽誤下來了！回到台灣之後陸續安排了邀訪的茶人，於2004年初春，再提出10個問題請教盧先生，盧先生綜合回答了問題。這10個問題主要是：㈠請問盧先生，當初是如何走進茶文化的領域來的？這麼多年來的感想如何？㈡上海連續舉辦了10年以上的國際茶文化節，盧先生也是很重要的關心者和參與人，請談談上海茶文化的特色和十多年來的發展狀況。㈢上海的茶藝發展是比較興旺的，茶藝館的數量也是比較多，請問您對目前茶藝館的看法？這幾個問題盧先生以綜合的敘述和專文回答。其他的問題，回答如下。

* * * * *

范 **請問盧先生，您對全國各地紛紛舉辦茶文化節或其他類似的茶文化活動有什麼看法？**

盧 這個問題，由於調查研究不夠，不好回答，從上海辦茶節的效果來看，政府部門主辦，主、客觀上確實對茶文化、茶經濟、精神文明建設起了巨大的、無可替代的推動作用；有節，比無節好得多；政府方面，社會影響力大，能調動、整合社會資源。

范 **請您介紹一下上海茶藝館的發展歷史，您認爲理想的茶藝館應具備那些條件？**

盧 曾經對上海400戶家庭做問卷調查，有86%的居民以喝綠茶為主，現在，上海人飲茶向優化、雅化、科學化方向發展，《滬上現代茶文化的興盛》一文中有分析。

范 **請您對「茶人」下一個定義，何謂「茶人」？**

盧 上海多年一直宣傳錢梁先生生前倡導的茶人精神，以劉啟貴先生的定義為準。

范 **請您說說對茶藝、茶文化的看法。**

盧 希望學術界不要把簡單的問題複雜化。茶，就是茶，不能擴大化，茶藝是小概念，文化是大概念，能否總稱，有待商榷。

范 **請問您如何享受茶藝生活？**

盧 每天一杯或兩杯好茶，以名優綠茶為主，講究茶、水具的搭配。但要崇尚自然、隨意，不做作；家有茶室，朋友來了有好茶；經常與朋友玩茶、壺、收藏品。

范 **請問您對人生的看法如何？**

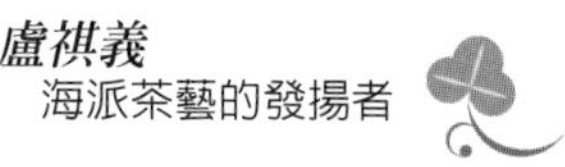

淡薄名利，保持低調，避開人事糾紛，抓緊做點實事；50歲那年作《五十有感》一詩，曰：

風風雨雨五十年，
生命之樹仍傲然。
世態炎涼都閱盡，
人間冷暖常紊懷。
風流已被風吹盡，
雨落難積一泓泉。
夕陽霞紅紅一片，
城北林中勤耕田。

附幾篇文章可更清楚了解我的想法和看法：

1. 茶，我的精神家園

2004年4月13日上午，我負責聯繫籌辦的「茶，精彩的社會角色」學術論壇，做為第十屆上海國際茶文化節主體活動之一，如期在宋園茶藝館舉行。這次學術論壇開得還算成功，留下一大批茶文化界精英的英姿和一本《論文選》。之前，我曾選「茶，現代人的精神家園」為主題，但考慮再三，最終還是忍痛割愛了。我對「茶」有特殊的感情，說它是我的精神家園，一點也不為過。

我原來並不懂茶，僅僅是愛喝茶而已。1990年秋，我還在上海某企業公司教育培訓中心擔任領導工作，因與閘北史料館館長周寶山先生有師生、朋友之誼，他經常邀請我去幫忙宣傳、策劃一些文化活動。期間，也結識一批新的書畫、收藏、新聞、茶界的朋友。周寶山先生是位思路敏捷、知識豐富、善於交際的文化人，在他周圍團聚著一批博學、博物的朋友。出於文化人「悲天憫人」的憂患情懷，大家總想為弘揚民族傳統文化做些什麼，當然也有想做些經濟專案的念頭，七議八議，逐漸形成創辦茶藝館的共識，並與上海茶葉學會錢梁、劉啟貴等著名茶人聯繫上。在周寶山先生的極力慫恿、鼓動下，我毅然調離原單位，配合周寶山先生籌備茶藝館。這年，我正好40歲。

1991年7月10日宋園茶藝館開館後，我擔任副館長，主要協助周館長工作，負責宣傳、組織和人事等具體事務。這迫使我抓緊機會學習茶文化知識。當時，我收集能拿到的茶資料，如上海《茶報》、台灣《茶藝》月刊等，如飢似渴地吸收養料，並學以致用，寫了不少文章在報刊上宣傳，還自辦《宋園茶藝》小報（5期）、編寫「三清茶」等4個茶藝表演節目，輔導建立上海第一支少年茶藝隊、大學生茶藝隊、茶科普協會等。在錢梁先生以及許多前輩、師長的提攜、幫助下，我對茶文化的認知也逐漸加深（見《珍貴的饋贈》附文）。我對范增平先生也充滿敬意。1991年9月上海汪怡記茶藝館開館後，我認真觀摩范先生的茶藝表演並得到他的簽名書；1992年，范先生幾次到「宋園」和劉秋萍女

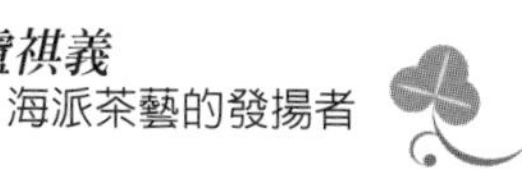

士負責的酒家作客，與他言談中受益匪淺。我知道他做為兩岸文化交流的自覺使者，在1988年就來上海給汪道涵市長泡「茶」，感到他身上具有中國傳統文化人的胸懷，而上海乃至其他城市茶藝活動興起，都與他的辛勞分不開的。

1993年，「宋園」與上海茶葉學會等單位共同發起籌備茶文化節活動。後來，閘北區人民政府參與，活動規模很大了，我們退至負責具體工作。期間，我主要參加活動策劃、宣傳和籌辦「吳覺農先生在上海」陳列室等工作；參與上海學林出版社《廚藝文化大觀》一書編輯，編寫3萬多字茶文化內容。在這一段日子裡，由於一些官員的瞎折騰、幾個投機小人的亂攪和等因素，我們一邊工作，一邊要躲避「明槍暗箭」的傷害，身心非常疲憊，如果沒有每天一杯「茶」的滋潤，我們真不知怎樣應付。上海首屆茶文化節後，我倦於官場一些腐敗現象和複雜的人事糾葛，退避「宋園」，在社會上進行一些茶藝培訓活動，曾寫〈關於弘揚茶文化、引導茶消費的幾點思考〉一文，表達我的想法和建議。

我出生平民家庭，對老百姓的喜怒哀樂有深切的感受和體驗。我感到：茶文化是時代的呼喚，是倡導文明、健康生活方式的載體，它不能成為官方的門面和一些文化人的清尚，應該紮根民間，服務百姓，成為普及性的大眾文化。由此，我努力實踐「茶文化進社區，茶藝進家庭」的理念。1995年以後，我參與多屆上海國際茶文化節宣傳籌劃、學術研討等活動。藉此「方便」，我深入街道里弄和公司行號，先後進行百場次的普及性講座；1996年春，我編寫一萬多字的《飲茶文化一百知》小手冊，由閘北區科協出資、上海科普出版社出版一萬冊，作為茶文化節宣傳資料分發各方面採用；1998年春，這本小冊子又再版中英文對照本一萬冊，普及面更廣。當多次看到居民區黑板報刊登冊中小知識時，我感到非常欣慰。期間，我還參與上海茶葉學會《茶文化一百問》、《飲茶實用手冊》等小冊子編寫，幫助茶藝館人員培訓等。1998年夏，學會與上海海藝技校商定開辦職前茶藝班，為趕在9月1日開學前編好教材並備好課，我連續一個多月下班後悶在家裡「關緊閉」，如期完成任務。1999年，上海勞動與社會保障局與市茶葉學會商定把茶藝師逐漸列為新工種。這是一件開創性的大事，學會秘書長劉啟貴先生為此花費大量心血，我們配合他一起摸索新路。為起草職業標準、培訓計劃、教學大綱，我利用春節假期，連續5天閉門謝客。近幾年，我也把大量精力放在茶藝師的教學、教研工作上，為培養新一代茶藝人才盡點薄力。

上海是我生於斯、長於斯的故土，我對她感情深厚，盼望她在現代化建設中充滿活力、越來越美好。源於此，我把上海地域茶文化做為研究課題，先後寫出5篇論文。2001年春，由我籌劃、以上海茶葉學會組織的《海派茶館》由上海遠東出版社出版，為上海茶文化留下珍貴的史篇；2003年春，我利用主編閘北報「茶藝」版的積累和社會關係，執

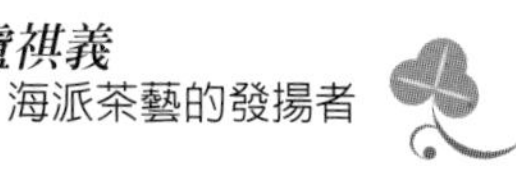

行主編了《海客談茶》一書，收羅了一大批當今上海茶人、愛茶人的代表性散文，得到許多文化人的好評。為深入探討海派茶藝，2003年秋，我發起組織以茶藝、書畫、教育界朋友為主體的社團「庭園」茶藝專業委員會，為編寫《海派茶藝》一書做準備。

我不是什麼茶文化專家、學者，也寫不出洋洋大觀的著作，僅僅是「茶」的敬仰者、宣傳員。在「茶」面前，我們只能懷著敬意。我把茶作為自己的精神家園，是因為：茶，改變了我的工作目標和生活方式，成為我後半生的精神依託和社會價值體現；茶，是人與人交流、溝通的媒介，讓我不斷結識新朋友、不忘老朋友，而愛茶的朋友一般都是好人，都是有文化品位、熱愛生活的知識者，從而讓我的生活充滿快樂和趣味，這是茶給我的恩惠；茶，教我們如何吸取民族優秀傳統文化的精華，做一個既有傳統文人情懷、又有現代文明意識的「人」，這是需要一輩子努力學習和實踐的。茶，就這樣成了我的精神家園。

2004年2月21日

2. 上海現代茶館的興盛及時代特色

20世紀80年代末90年代初開始興起的上海茶文化熱，使一度被洶湧的市場大潮沖淹得寥寥無幾的傳統茶館，在「脫胎換骨」的過程中重新煥發蓬勃發展的生機。以1991年7月宋園茶藝館開館為標記，近10年來，現代新型的茶館經逐步發展，已呈現「百花盛開、異彩紛呈」的繁盛景象。據上海茶葉學會會刊《茶報》1999 年第一期批露： 1998 年上海各種飲茶場所有 5000 處之多，茶館、茶坊、茶吧已超過 200 多家。這兩個數據表明，上海現代茶館的興盛景象，已超過上海開埠以來任何一個歷史時期。

回顧上海 20 世紀 90 年代現代茶館興盛歷程，大致可劃分為三個階段：

1.興起階段。大致為 1991 年 7 月至 1994 年上半年，即宋園茶藝館開館至上海首屆國際茶文化節的舉辦。這一階段的主要特點是：茶文化做為民族優秀文化的組成部分，與社會主義精神文明建設「心物交融、融會貫通」，政府部門和文化、知識界大力倡導、弘揚，逐漸成為社會關注的又一文化熱點，為現代茶館的興起提供了輿論準備；人們物質生活水準的提高及對「國飲」的重新認識，促使對飲茶開始有了更高層次的追求，這就構成現代茶館復興的基礎和條件。限於人們對茶文化的認識過程和都市文化消費能力，這一階段儘管新聞媒體宣傳不少，茶文化活動也比較多，但現代茶館的數量並不多，比較有影響的只有首創茶藝、茶會的百年茶樓「湖心亭」、宋園茶藝館、汪怡記茶藝館、西柳茶軒、「小茶人」茶藝館等幾家。當時，對大多數市民來說，上茶藝館品茗賞藝是一件非常時髦的新鮮事。

2.發展階段。大致從 1994 年下半年至 1998 年上半年。這一階段的主要特點是：上海國際茶文化節的舉辦，透過眾

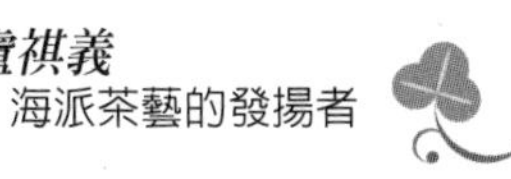

多大、中型茶文化活動，集中展示了茶文化的豐富內涵，廣大人民群眾借助新聞媒體宣傳或親身參與，對「茶」的認識程度進一步提高，進而形成茶館大量湧現的市場氛圍；上海做為全國經濟中心的特大都市，這一階段經濟和文化建設飛躍性發展，廣大市民開始有錢、有閒、有較高品味的精神文化需求。商家瞄準這一文化商機，紛紛搶灘設點。本市茶業、餐飲業及有資金的經商者得天時地利之便，當然捷足先登。港台地區的茶坊和外省市茶飲業察風氣之變，也不甘示弱，陸續「進軍」上海。一時「八面來風，四處開張」，現代茶館數量猛增。從這一階段開始，去茶館、茶坊、茶吧「喝茶去」，已成為一種新時尚，成為人們假日豐富休閒生活、相互交流信息的一種新的生活方式。翻翻這一階段的報刊雜誌，「茶」字或可稱為使用頻率較高的字眼之一。

3.調整時期。大致從1998年下半年開始，至今仍處於這一階段。如同任何事物的發展規律一樣，現代茶館的開辦總不會一直「熱」下去，終會透過市場經濟這一「無形之手」，在激烈競爭的過程中加以調節，使之逐步趨於與都市消費需求相一致。這一階段由於改革「攻堅」、經濟發展速度減慢、市民實際收入水平增長不快和消費觀念滯後等多種因素制約，一「哄」而起的茶館正經歷沉浮不定甚至是痛苦的盤整期。儘管還不時有新茶館開業的消息，但總的來說，關、停、併、轉已不是新聞，慘淡經營、勉力維持的也不在少數，與餐飲結合而出現的茶餐廳、茶宴館是現代茶館的

「新型態」。頗有知名度的西柳茶軒、博士茶藝館、茗緣茶藝館等一批茶館的轉業、歇業，讓人感到開店關店已是尋常事。位於四川北路一大廈31層樓上，面積達1800平方米的猗天茶莊，開張沒幾個月就宣告歇業，更讓人體會到商家的無可奈何。可以預料，茶館業的調整期還需要假以時日，而調整的方向，將透過兼併、連鎖、開關等途徑向集群化、規模化、特色化發展。

回顧近10年上海現代茶館的興盛歷程，大致表現出以下幾個特點：

1.契合社會心理，取名溫馨別致。20世紀90年代是中國傳統文化得以繼承和發揚的時代，也是棄舊揚新、各種思想觀念和社會矛盾衝突激烈的年代，中老年人的「懷舊」和年輕一代無可交流的孤獨感、無奈感，在一定程度上瀰漫、擴散而成普遍的社會心態。精明的茶館業主，在茶館的取名上也是緊緊抓住這一具時代特徵的社會心理，充分體現一種生存價值和與眾不同的想法。只要留意一下，茶館的館名絕少霸氣、俗氣和浮躁氣，更多的是清雅、寧靜、古樸和溫馨，與「茶」的本性相近。比如，「宋園」、「古月」、「陸羽」、「古豫」等館名古樸高雅，令人發遠古之幽思；「老上海」、「老房子」、「老虎灶」、「春風得意樓」等館名，使「老上海」們感到「似曾相似燕歸來」的親切；「春來」、「香樟花」、「竹碧林」、「一凡」等館名，讓久居都市的人們勾起對江南水鄉、園林的嚮往，感受清新自然的野

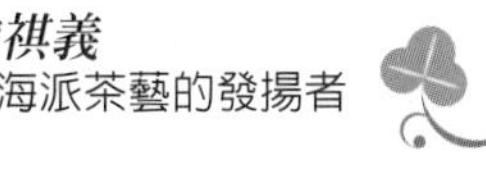

趣；「小石頭」、「小木屋」、「娃娃屋」、「金耳朵」等館名，童趣盎然，不由人聯想起快樂的童年；「威登」、「藤佳」、「哈爾」、「伊加伊」等館名，中西合璧，散發著東西方文化融合的氣韻；「仙踪林」、「青青綠」、「雨之林」、「圓緣園」等許多溫馨浪漫的紅茶坊名，感應著夢幻而孤獨的青少年族群的心靈。館名，是茶館的文化商標，在霓虹、籠燈的映照下，無聲地張揚著時代的特性，安撫著眾生浮躁不安的心態。

2.講究文化品味，佈局不拘一格。善於營造文化氛圍，建築佈局上標新立異是上海開埠以來逐漸形成的「海派風格」之一，這在現代茶館的建築佈局上又一次得到印證。無論上哪一家茶館，你都會發現與眾不同的文化亮點，都會察覺整體佈局包括一些「漫不經心」的匠心獨具，總匯成時髦而隨意的上海人風格。座落在聞喜路上的老房子茶館，是由100多平方米老式工房裝飾而成的，設計得追慕園林大師陳從周，他花近一年時間「精心雕刻」，將館內拼裝、設計成亭、台、樓、閣俱全的明清風格鮮明的茶室，大到整體佈局，小至茶盤、展品，無不古樸雅致。在「上海老街」上，又讓人一看到舊上海有名的「春風得意樓」固有的風采，新「春風得意樓」門庭外砌造的一座藝術的老虎灶頭，再現老城廂舊時風貌。復興東路上的清趣閣茶莊門庭外，一口古樸別緻的井池，游動著幾尾金魚，一下子把整個茶館「游」活了。一般來說，茶藝館和茶樓或古樸高雅，或充溢民族風情，以傳統建築佈局風格為主，並融入現代氣息；港、台式紅茶坊類的茶館，儘管佈局風格各異，但總以現代氣息見長，並透出地域文化的特點。看它有日本式、韓國式、歐美式的，林林總總，真是百式格調，千種風情。

3.開拓服務功能，經營刻意求變。目前的上海茶館，除一些以社區中老年人為服務對象的茶館，仍保留較多傳統經營方式之外，絕大多數都能根據時代需求開拓服務功能，飲茶為主，多種經營，努力創建各自的經營品牌。茶飲屬以綠茶為大宗，但烏龍茶、紅茶、花茶和現代調和茶、代用茶也必不可少，特色茶點、茶食搭配供應，品類少則10多種，多則上百種。多種經營項目，則是「八仙過海，各顯神通」，有與主題收藏、工藝品展銷相結合的，有與戲曲、歌舞等表演類藝術聯姻的，有與將茶藝、壺藝、廚藝融為一體的，有與休閒娛樂項目掛勾的。如宋園茶藝館在堅持茶藝表演和品茶品飲的同時，又先後開發出系列茶菜、中式婚禮、婚紗攝影、品茶（具）展銷、評彈書場等多種經營項目，還經常舉辦書畫、插花、工藝品展銷活動。天天旺茶宴館以善泡安溪鐵觀音為特色，還創製新潮茶菜100多款，將陶藝、奇石展、剪紙藝術等項目引進店堂。恒豐茶莊以幾代積存的3塊木質鉛版章和珍貴茶具為「鎮」館之寶，又在多倫路原湯恩伯姨太太住處新開茶館，內設吳昌碩畫展、百茶展、百壺展等經營項目，文化品味典雅、精緻。1995年至1996年間紅茶坊剛登陸上海灘時，幾乎全線虧損，沒有一家盈利，

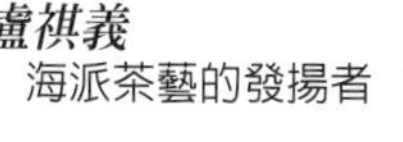

經營者改變經營策略，在佈局和飲品上從吸引女孩子來消費入手，慢慢帶動男青年，所以上海紅茶坊的佈置一般都充滿女性的浪漫氣息，飲品、食品也適合都市年輕人的休閒生活節奏。紅茶坊現今的飲品、食品一般有熱茶、冰紅茶、冰綠茶、珍珠茶、特價小吃、套餐等幾大系列，並配有棋牌類服務項目供消費者娛樂消遣，因而成為年輕人聚會、消遣的「自由天堂」。

4.依街隨「景」而興，初呈集群格局。現今上海茶館，比較集中地分布在人流相對較多的商業街、文化街和園林區一帶，近幾年隨著市政建設和特色街市的建設，更是隨「景」而興，初呈特色鮮明的集群格局。90年代初，豫園地區「湖心亭」茶樓「一枝獨秀」，90年代中後期，隨著豫園地區改建和復興路擴建，以老城鄉風情為特色的現代茶館有「百花盛開」。據海藝職校1998茶藝班學生1999年8月實地調查，豫園商城及其周邊東門路、中華路、方濱路、復興東路、人民路一圈內，各式茶館多達25家。虹口區建成多倫路名人街「景觀」後，帶動茶館業的興盛，目前名人街上有恒豐茶樓、金玲瓏御茶園、日式茶館等5家特色茶樓，傍倚的四川北路上，僅路牌1519號至2298號一段，就有各式茶館9家。盧灣區復興公園門前一條短短百多米的雁蕩路，隨著特色小吃街的形成，茶館也開辦了四家。徐匯區衡山路文化休閒街一帶，歐式風情為主的茶坊、茶吧大大小小有10多家。長寧區虹橋開發區內的茶館林立，僅古北路、仙霞路、水城路、茅台路四條街上，就有 15 平方米至 110 平方米大小不等的茶館 10 多家，而且還呈動態發展之勢。其他各區縣也都有茶館相對集群的地帶。這些都是茶館向集群化、特色化方向發展的發端。壺藝大師許四海在江橋地區曹安路四海路口開辦的「一壺春」茶館，規模宏大，5000 棵樹木林中，數千平方米的茶館內，茶藝、茶菜、壺藝、藝術石刻等觀賞、經營項目眾多；加上紅茶坊的連鎖經營的方式等，昭示著茶館向規模化發展的趨勢。

21 世紀上海茶館發展過程中需要加強的三個方面：

根據上海 21 世紀茶館的發展趨勢，一是要加強行業管理的職能，要通過上海茶葉學會等行業管理部門的努力，逐步規模管理、規模經營，解決茶飲質量、收費標準、經營方式等存在的問題。二是要加強對茶館從業人員的崗位等級培訓，逐步持證上崗、提高服務技藝，解決從業人員總體專業文化素質不高、茶飲技藝掌握不夠等問題。上海茶葉學會與市勞動和社會保障局已著手茶藝師、茶葉審評問題的培訓、考核工作，是國內開創性的重大職教舉措，應得到工商、勞動監察等執法部門的有力配合。三是要加強宣傳、政策等方面的導向，鼓勵和推動茶館業合理分布、有序調整，逐步向集群、規模、特色方向發展。未來的都市文化建設將形成功能圈的結構佈局，內環線內的中心文化圈和環線內外的衛星文化圈將相互烘托，如豫園地區的文化廟會、靜安地區的佛

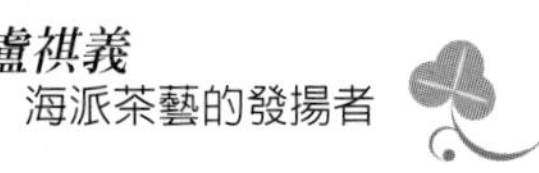

教文化、龍華地區的民俗文化、虹口地區的人文文化等等，共同塑造上海國際文化中心城市的形象。茶館業作為茶文化的主要載體和「前沿陣地」之一，是否可依據都市文化的發展趨勢，構建相協調的、有鮮明特色的空間結構？

3. 滬上現代茶文化的興盛

上海現代茶文化的興起，始於80年代末，經過十多年的發展，已呈現興盛景象。其中，上海國際茶文化節和少兒茶藝兩大活動，在全國和海外都有較大的知名度。

現代茶文化興盛的表現：

⑴上海連續舉辦上海國際茶文化節是唯一國家文化部批准的茶文化的節慶活動。從1994年首屆起，每年都要舉辦一屆，迄今已八屆。它以弘揚中華民族文化、傳播民族高雅藝術為主旋律，突出茶文化主題，每屆都要舉行茶文化學術研討、中外茶道交流、茶文藝演出和工藝品展示等活動，不斷開拓茶文化外延，豐富茶文化內涵，體現茶文化節的國際性、民族性和群眾參與性。前八屆文化節累計接待來自全國各省、市、自治區，香港特區、澳門特區、台灣地區以及美國、韓國、日本、新加坡等15個國家的各界人士，參與活動的有一百多萬人次。上海國際茶文化節已成為海內外遊人歡聚、市民踴躍參與的重大節日，也推動了上海茶文化事業的發展。

⑵少兒茶藝成功推廣運用茶文化知識，對廣大青少年進

行愛國主義、傳統文化和德育教育，是上海茶文化工作者、教育工作者開拓社會教育的新嘗試。1992年上海第一支少兒茶藝隊成立後，少兒茶藝活動引起了社會重視。8年多來，少兒茶藝在黃浦區少年宮等基地的努力下，已從校外發展到校內，從課外活動進入課內活動。至2000年上半年，全市共有17個區縣約一二百所中、小學開展茶藝培訓活動；各區縣少兒活動中心都有茶藝興趣小組；每年都組織茶藝夏令營與外省市茶藝交流活動；市內的大中型少兒茶藝交流、會演活動也經常展開，如2000年上海國際茶文化節上海少兒邀請賽，吸引了全市一百多所中小學的少兒茶藝隊參賽。

⑶各種茶會、研討會頻繁舉行，90年代初興起的茶會始於百年老茶樓「湖心亭」，現已擴展到豫園商城多家茶館、茶葉店，成為商城文化促銷的一大品牌。隨著茶文化的升溫，各種茶會已成為許多區縣和各式茶館經常舉行的文化與經貿相結合的活動，如食品一店舉辦的「第二屆茶文化節」活動、豫園商城舉辦的「上海老城隍廟第二屆茶文化節」活動等等。上海還每年舉辦茶文化研討交流會，從茶與人體健康、茶與防癌抗癌、茶館文化、茶與都市文明等多方面進行研討交流，並編輯出版多本專著和科學文化知識的小冊子，指導茶文化健康、有序地發展，引導人們科學飲茶、保健養生。

⑷茶館（茶藝館、茶坊）大量湧現，上海茶文化熱使一

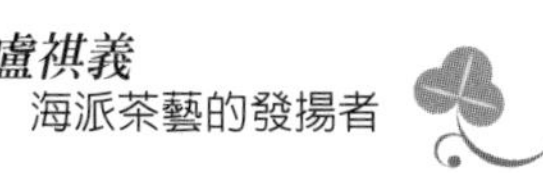

度被市場大潮沖淹得寥寥無幾的傳統茶館，在「脫胎換骨」中重現生機。自 1991 年 7 月上海出現第一家茶藝館後，現代各式茶館在市場競爭中大量湧現，至 2000 年上半年，全市已有一千多家。各式茶館以溫馨別致的店招、講究文化品位的佈局、各具特色的經營業態遍佈全市大街小區，吸引許多市民品茗享受。如以傳統建築、佈局見長的茶藝館，通過民族文化藝術品的展示、茶藝表演等，吸引許多中老年人，尤其是文化人；港、台式茶坊，以「回歸自然」的園林佈局和現代飲品，成為年輕人聚會、休閒的場所。

⑸平均茶葉消費量逐年提高，物質生活水平的提高及對茶飲的重新認識，使得喜歡飲茶的人越來越多，對茶葉品種的要求也有明顯提高。 90 年代初，上海人平均年消費茶葉 200 克，至 1999 年底已逾 700 克，增長 3.5 倍。上海已日益成為華東最大的茶葉流通地區，茶葉經銷網點從 1994 年前的 900 家發展到今天 6000 多家。頗有規模的專業化、茶業化茶葉經貿、批發市場已有 3 家，並且茶市旺盛。如大統路茶葉批發市場，1996 年建成後 3 年時間，年銷售茶葉 4000 噸，銷售總額超過 5 億元，稅收達 500 多萬元； 1999 年 11 月開業的九星茶葉批發市場，建築面積 1.7 萬平方米，各地茶商設攤經營的有 200 多家，試營業不到兩月，銷售收入就達 2000 萬元。

4. 現代茶文化興盛的原因

⑴弘揚民族優秀文化的導向：改革開放之初，西方文化伴隨先進的科學技術潮湧而來。人們以對西方社會生活的簡單對比，產生了盲目崇洋的價值取向。在這種社會文化心理結構中，西方舶來品中的咖啡、可可等飲料，一度猛烈沖擊茶葉市場。 80 年代後期以來，社會文化心理結構，從崇洋的取向轉變為繼承和弘揚民族優秀文化的導向上來。茶文化做為民族優秀文化的組成部分，得到社會各界的認可和推崇。

⑵經濟發展與消費水平的提升：「茶」市場逐漸興盛還得之於經濟發展和相應提升的消費水平。市民消費雖然受到多元時尚的影響，但用於品茶賞藝，參與一些茶文化活動，購買相關的壺具、工藝品等文化消費的能力無論是相對還是絕對，都領先於全國。現在上海有 87.6% 的市民以茶葉為最常用的飲料；無論是 500 克 1000 元以上的精品，還是 50 元左右的優茶，都有眾多的消費群體；各種保健茶、罐裝茶和邊區的特色茶、各類進口洋茶也都有相應的消費市場。

⑶文化娛樂消費的增加：上海綜合指標已達到世界中等發達國家的水平，市民的休閒時間隨之增多，因此，文化娛樂消費也不斷增加。近年，上海各類文化娛樂場所總數六千多家，其中有茶飲、茶點、茶菜餚、茶具、茶書畫、茶藝欣賞等經營項目。在書場中一邊品茗，一邊欣賞評彈藝術，是不少老年人的休閒方式之一；茶館、陶吧等休閒場所也是許多市民愛去的地方。

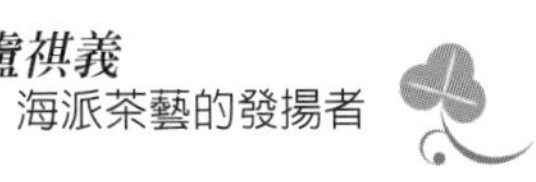

5. 上海現代茶文化的特點

⑴植根於豐厚的茶文化資源：上海現代茶文化活動在發掘利用茶文化資源中開始興盛起來。上海首家茶藝館誕生，就是借鑑海峽彼岸民族文化「尋根」熱後大興茶藝活動的有益經驗，讓茶文化活動走向都市生活的一大創舉。而創辦宋園茶藝館的並不是茶藝界，而是閘北革命軍史料館的幾位史料文化工作者及其周圍的文化界人士。它一方面說明知識分子對弘揚民族文化的自覺參與，另一方面則是閘北史料工作者對茶文化資源的有效發掘。湖心亭茶樓在1990年底開始建立茶藝表演隊，表演龍井茶、功夫茶的沖泡技藝，是以一百多年的茶樓歷史及其經營特色為底蘊，借鑑杭州及海外經驗揉合而成。百年老茶莊汪怡記於1991年10月開辦茶藝館，也與這家的人文歷史、經營特色緊密相連。可以這樣說，近年眾多茶文化活動，都可以在上海茶文化資源中找到淵源。

⑵繼承中求發展，兼容中求多變：在發掘利用茶文化資源的同時，上海海派文化之堅持民族本體、又有兼容乃大的品性，又一次得到充分展現。上海以借古創新，講究韻味和意境，創造出的「五珍茶」、「三清茶」、「雙桂五福茶」、「龍桂功夫茶」等一系列茶藝節目，在與海內外交流中贏得讚賞。歷史上的茶菜屈指可數，但上海不但兼容創意出一些茶菜，而且還出現一些以茶菜經營為主的飯店，推出如「童

子敬觀音」等一整套取名文雅、品種眾多的茶菜。這種在繼承中求發展，在容納中求多變的品性展現是多方面的。近年崛起的一批茶館，將西式酒吧與中式茶道結合，以一種休閒文化的面貌令青年男女興趣倍增，一杯泡沫紅茶加一支流行歌曲，使不少青年人樂而忘返；「土」中透「洋」的裝潢也贏得不菲的利潤回報。一邊用西式咖啡館的浪漫氣氛和舒適的現代環境，「包裝」傳統的茶道，迎合了當今一部份年輕人的消費心理。

⑶中西文化交流的橋樑：上海現代茶文化在繼承發展自身優勢的過程中，已呈現宏大深厚的中西文化融合的新態勢，而這種融合在一定程度上超越了現實功利，達到心性的層面。上海茶文化興盛並不是從原來的起點上重新開始。海派文化的特性，在全方位、高層次的交流與吸引中自然地、輕車熟路地體現。近十年來，各種傳媒以傳播悠久豐富的茶文化為已任，廣泛而持久地宣傳茶文化知識和茶事活動；茶業、文化、科技、醫學、藝術等各界幾乎都對「茶」興趣濃郁；中外茶文化交流活動不斷，加速了中西文化的融合。創辦於 1994 年的上海國際茶文化節，是政府高度重視、全市各界推波助瀾的大手筆，是匯集上海茶文化資源和現實成果的一大產物，它已成為與海外茶文化交流、融合的一座橋樑。

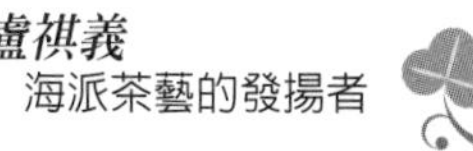

尹智君

老舍茶館的接班人
——談茶館的繼承和發揚

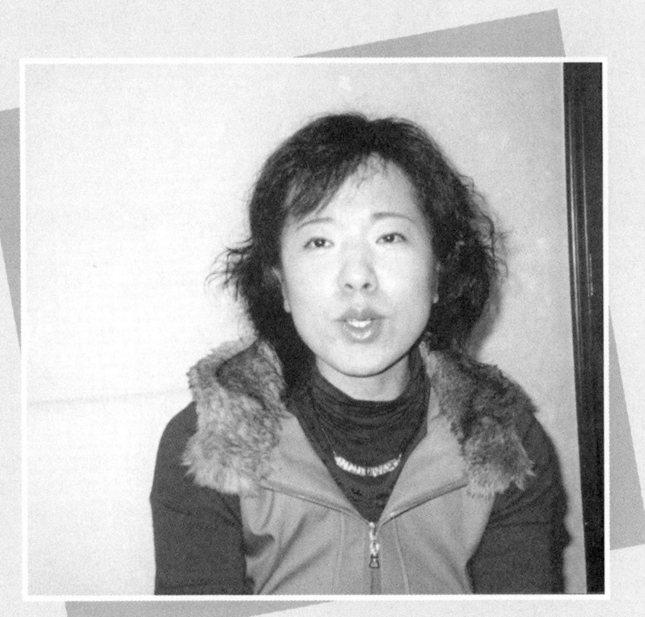

北京老舍茶館是京城第一家獨具特色的旅遊休閒文化場所，這裡匯聚了民族藝術表演及各種名茶和京味小吃，吸引著眾多的中外遊客，更深深的打動著每一位台灣同胞的民族心。

老舍茶館是一家以人民藝術家老舍先生及其著名劇作來命名的茶館。自1988年創辦以來，在海內外已享有極高的聲譽，這家茶館京味十足，廳內陳設清新、古樸、典雅。茶館的三樓每晚都可欣賞到曲藝、戲劇等名家名流的精彩表演，客人如果有雅興，也可以粉墨登場客串盡興。茶館內還經常舉辦琴、棋、書、畫和「戲迷樂」等諸多文化活動。

茶館的二樓於2004年重新裝潢完成，是北京四合院風格的茶藝館，充分呈現了濃濃的京味文化氛圍，其現代精緻的茶藝館經營路線，迥異於三樓的市井大碗茶文化，展現出中國品茗文化的另一種風情。

老舍茶館現在已經成為中外賓客來到北京必去的地方，身處其中，如同進入一座老北京的民俗博物館，令人賞心悅目。

老舍茶館的現任經營者是其創辦人尹盛喜先生的第二代，尹智君小姐不僅是一位孝順的女兒，也是民俗文化的繼承者和發揚者，為了弘揚中華民族的傳統文化，非常盡心盡力地在努力，2004年2月17日，我在北京專程採訪了她。

*　　*　　*　　*　　*

范 老舍的茶館，不僅是一齣著名的戲劇，也實實在在的是一個茶館，這個茶館對中國茶文化的影響，無疑是相當大的。您現在是第二代經營者，請問尹總經理，現在老舍茶館的經營理念是怎樣的？

尹 現在的老舍茶館應該是在繼承的基礎上有所發揚光大，以我這一代經營者來講，就更注重一些創新的理念，唯創新的基礎在於傳統，只有在繼承傳統的基礎上創新，我覺得才是最好的創新，讓新一代的年輕人也能更多的接受傳統的文化、茶文化，這才是做為老舍茶館經營者應該有的的理念。

范 令尊尹盛喜先生1979年創辦「青年茶社」販賣大碗茶，1987年老舍茶館開幕，創業至今已經25年了，您印象最深刻的事情有哪些？

尹 令我印象最深的是父親對於公司的全部身心的投入，他在25年當中基本上沒有任何休閒假日，即使是在他最後病重期間，大部分時間也是在公司渡過的，住院期間，也會把公司的人召集到醫院去開會，在他的腦海裡沒有休息這件事。父親對於弘揚中華民族的傳統文化身體力行，憑著他滲透在骨子裡的愛，支持著他在公司有了一定的成果之後，更投資興辦民族文化產業。特別是老舍茶館開業之後，對老舍茶館投入的精力就更大了。我父親自己也是琴棋書畫全都會，包括京劇的演唱、京胡、二胡、揚琴他都熟悉，還有一些京劇的彩唱，甚至還出了 VCD 。過去他純粹是一種愛

好，後來開了公司、做了企業，有了一定的資金積累之後，就變成了一種事業在推動，促使他來推動中華民族文化的傳承。但是就他的一生而言（因為他在 2003 年 6 月 30 日去世了），令我最大的感悟就是，無論是要推動民族文化，還是要經營企業，你都必須要全身心的投入。因為有的人做了一個比喻說，像京城的老字號吳裕泰、同仁堂等等，確實都是幾百年歷史了，但是老舍茶館開辦只有十六年，從 1988 年到 2004 年，如果算到他去世是到 2003 年，他等於是把他一生的精力，或者說別人用一百年的時間來投入的力量，濃縮到了十六年中，才創辦了老舍茶館，使得老舍茶館和京城的一些老字號可以齊名共進。這是需要一個人投入無法想像的精力的。令我印象最深的是 1997 年他生了一場大病，基本上都神智不清了，但是他在昏迷中還一直說著企業有哪些問題，企業今後的發展該如何，就是在這種冥冥之中，可能都快要去見閻王爺的時候，他在說糊話的時候還是想到的還是這個企業。我之所以繼承父業，包括也下定決心為茶文化事業、為民族文化事業付出畢生精力，就是那次他生病的經歷影響了我。我頓時懂得了父親為什麼這麼多年撇家捨業的奮鬥。因為我從小時候起，印象中幾乎沒有父親的概念，特別是他建立了公司，從賣大碗茶開始，就放棄了國家正式的鐵飯碗的工作，回來帶領當時的回城知識青年，端起了泥飯碗賣茶，饑一頓飽一頓的，有掙一點就有得花，沒掙就沒得花。但是他家裡還有三個女兒和他的妻子，他有很重的家庭負擔，那個時候整個大陸也都還沒富裕起來，所以他當時的工資對一家人來講是相當重要的，可是他沒看重這些，只是看到了中國改革開放後的希望，毅然的投入到了企業的發展中去。所以一直到他去世的前幾天，他都還在說，因為我們老舍茶館是沒有電梯的，三樓也是要走樓梯上去，所以他跟我說，要我趕快方方面面去協調，想辦法安裝一部電梯，因為等他出院了，再到公司去的時候，怕沒有力氣爬樓梯。

范 **做爲尹先生的女兒，請您描述一下您心目中的父親，是一個什麼樣的父親？是和藹的還是嚴厲的？您受父親影響最大的是什麼？**

尹 我覺得我的父親非常的有男人氣概，是個道地的中國男子漢，但是外界的人，甚至包括家裡的人，都對他有很多的不理解，覺得他是個「瘋子」，我覺得這種說法有點矯枉過正。因為如果沒有他這一代人對於傳承中國傳統文化的這種熱切的行徑，就沒有我們這一代人對於中華民族文化的熱愛。他非常的排斥西方文化，他說西方文化幾百年的歷史，和中國文化五千年的歷史沒有得比，他說迪斯科、卡拉ok 等等，可能到了那裡幾分鐘就會唱了，他覺得那叫什麼文化，那是歇斯底里，是人的一種發洩。他說中國的文化是「日笛月蕭三月箏，半年的胡琴不中聽」，就是說你學了半年的胡琴你可能連音都拉不準，要學幾年才能拉出韻味來，表示中國的文化非常的不容易、非常的深刻。他對我影響最大的就是讓我認識了什麼是民族的文化，也只有民族的文化才

永遠是你自己獨有的，才能在世界上永遠屹立，並永遠令人感動。

我父親在還沒有從事大碗茶和老舍茶館的事業之前，他是一個非常慈愛的父親，而且很幽默，我記得我還沒上學之前，他常常一大早起來，一邊刷著牙一邊還哼著京劇，有時候還和我們開玩笑，週末的時候還帶我們去公園玩，還學京劇，把我們三姐妹誰唱什麼角色都分好，為我們束腰、練身段，可能他很希望在我們當中培養出一個京劇方面的人才。但是自從有了這個企業之後，他就根本顧不了這些了，說一句也不過分的話，我上學上到幾年級他都不知道了，在他心裡根本沒有需要照顧、溝通家裡的人的概念了，所以很長一段時間，對於大碗茶和老舍茶館這個企業我是恨之入骨的，我從來沒想過我會到這裡來幫忙，甚至有一天自己的人生在這個企業中、在他的影響下也發生了很大的變化，我從來也沒想過。但是就是因為父親一生的身體力行感動了我，也是因為父女情深的血緣關係，在他付出了一生心血的這個企業中，我做為這個企業的繼承人，如果不付出比他還大的精力和犧牲的話，我覺得我會愧對於他、也愧對於祖先、愧對於中華民族文化。

范 **是否請您談談您的成長過程和求學經歷等等，在投入茶館之前，您個人的愛好和個性是怎樣的？**

尹 我出生在北京，讀書也都是在北京，大學讀的是旅遊學院的飯店管理專業。在1980年代末的時候，國內的星級飯店很少，主管也都是外籍人士。我因為學了這個專業，就希望能從這個行業發展，想在飯店管理工作中經過自己的努力按部就班而得到升遷，我當時想的都是這些。但是後來因為很多原因，包括自己的個性也不擅於奉承、委曲求全，並不太適合跟上級打交道。一年之後，我就來到了父親的公司，因為我覺得，通常一個人奮鬥了幾年，就是想得到一片能讓自己發揮所長的天地，那麼現在父親既然已經在前期花費了那麼多的時間和精力，打造了老舍茶館這個品牌，我想我所學的東西應該也能夠為這個企業的發展做一點推動的作用。因為當時在這個企業中，有些人的學歷、水平還不及我，我希望把傳統的這種文化行業、這種娛樂場所，用星級飯店的方式來管理，可能也是對它的一個幫助和提升。後來在我投入精力的這段時間中，我的這個心願也得以實現了。

我從小就比較喜歡唱歌，但我的個性不是活潑開朗的，我喜歡比較憂鬱、深沉的歌曲。因為我從小學和初中的時候開始，就感受不到家裡的關愛了，我特別渴望像別的孩子一樣，在家裡和父母有談心、有溝通、有交流，記得那時候還有同學抱怨說，昨天我父母又找我談話了，可是我聽了後心裡卻很羨慕。我當時住在奶奶家，我覺得我一個月能見父母一次就不錯了，他們哪還有空跟我談心，關心我高不高興，所以我很羨慕我同學，心裡面一直有一個嚮往，在這種情緒下我喜歡的一些歌曲、讀物，都是一些嚮往未來會變好的內容。也正是因為這樣的經歷，使我一直都很獨立、自立，有

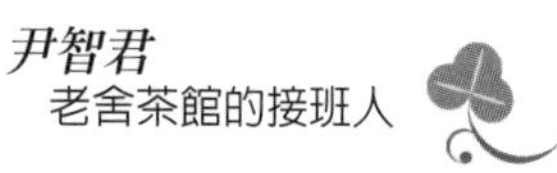

不服輸的個性。我在老舍茶館的十一年工作中，實際上我一直在做老舍茶館的經營工作，但是從來也沒人知道，我是屬於默默耕耘這一型的吧。我記得我十一年前剛到茶館工作的時候，我父親就找了一件別的服務員穿過的舊旗袍給我，又給了我一個演員的電話聯絡本，從那以後的十一年中，無論是父親還是公司的任何一個領導者，對此都沒有再說過一句話。但是我已經走過十一年了，特別是我父親去世以後，我擔任公司的總經理，包括我們當地區委、區政府任命的支部書記等等這些工作，我都接得非常的順暢，我沒有特別大的壓力，反而因為沒有了父親病痛的影響，沒有了那份擔憂和揪心，我現在做起來比前十一年還要輕鬆。

范 **請問整個公司有多少員工？除了老舍茶館，公司還經營什麼？**

尹 有兩百多人。除了老舍茶館，一個大碗茶戲樓，還有一個工藝品公司，另外在深圳也有一個工藝品分公司，但是那邊生意不太好做，因為受到大氣候的影響，短期內要做資金重組。雖然有這麼多的生意，但是我最主要的精力，一定是放在老舍茶館，因為這個是大碗茶公司發展 25 年來的結晶，今年四月在老舍茶館的二樓要開辦一個六百平方米的、四合院風格的商務茶藝館，有人稱它是老舍茶館精裝版，這也是我做為老舍茶館繼承人之後，對老舍茶館的重新詮釋和定位。三層樓之中，一樓的大碗茶就是平民化的，二樓的茶館則更精緻化，是提升了茶文化之後的表現，包括它的裝潢，體現京味文化、老舍文化方面的東西非常多。另外我們還有一個茶莊，現在等於是把重心放在茶的方面了。

范 **您個人對茶的愛好基於哪些方面？現在的飲茶習慣如何？**

尹 我對茶其實是個外行，因為老舍茶館開辦這麼多年，主要是在戲劇文化，還有茶以外的其他傳統文化上做得比較多，茶的方面相對來講做得比較少，所以我說我父親是個粗線條的人，也是這個道理。但是我從前年開始，真正的想從茶的方面做大文章，因為老舍茶館的中外知名度和社會影響力已經到達了一個程度，由它來推薦給客人的茶，還有它的茶莊裡被外國人和外地人帶走的茶，應該是中國最好的、最知名的茶，這中間不僅包含中國傳統名茶，還有一些新興品牌的好茶，也應該納入到它的推廣中。我們每天的客流量達到五百多人，這些人大部分是來觀賞京劇、曲藝、雜技、魔術這些綜合表演的，但是我想把茶文化的氛圍做足、做得比較到位，能吸引顧客轉向注意中國的茶文化，熱愛中國的茶文化，從這方面為中國的茶文化發展做一點貢獻。

我在喝茶習慣上不是特別穩定，前幾年流行喝台灣的烏龍茶，我也很喜歡喝。去年開始喝綠茶了，有時候興趣也會隨著時代走。但是好像永遠丟不掉的就是花茶，因為我們家是老北京人，從小家裡的喝茶習慣讓我耳濡目染，就深刻地印在心裡了，小時候家裡都是用那種搪瓷大茶缸，喝不起好茶，都是去買茶葉末，沏好了放在爐台上溫著，我每次回家

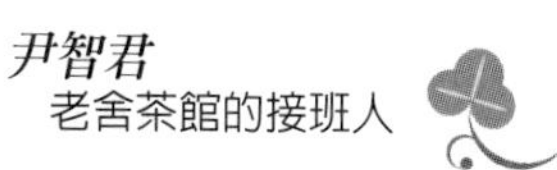

都會偷喝一口我奶奶的茶，那缸茶永遠都是溫熱的，透著濃濃的茉莉花香，所以不論後來喝過多少好茶，對茉莉花茶的香氣都有著一種情感上的難忘和喜愛。

范 **您對現代茶藝和茶藝館看法如何？您認爲茶藝館的社會角色如何？**

尹 現在興起的茶藝、茶藝館，我覺得首先說明中國的經濟發生了變化，文化需求有了新的進展，這是一個非常好的現象，而且很多茶藝館裝潢得非常到位，我很贊同，我經常帶著我的同仁去暗訪學習。但是我不太贊同那種利潤高額化，因為在我的眼中，或者說如果我來做茶館，它的利潤額是多少應該是平穩的。可以這麼說，一般的中高檔茶葉，在北京的茶藝館中，我們老舍茶館是價格最低的，當然我們的知名度比較高，但是如果別的茶館也和我們一樣價格，我相信還是有利潤空間的。我覺得如果某個行業有暴利的情形的話，除非有特殊的服務，如果不是這樣，想長久化的經營，高利潤不是一個最佳的選擇方式，我覺得利潤應該是合理的。最初當老百姓並不知道你的利潤額的時候，你就應該是透明化的，不能等到三五年之後，老百姓省悟了，知道了茶藝館是坑人的，那時候就對所有的茶藝館給予否定，到時影響的就是整個行業了。

茶藝館的社會角色應該是很時尚的，調整了現代都市對時代發展的需求。我們二樓的茶藝館開幕後，全部都設有免費上網，而且如果政策允許，我將來還想提供類似家庭影院式的，供家庭來娛樂品茶的空間，增加這種個性化的服務，希望藉由茶藝館業者對文化、對環境的不同詮釋，給客人不同的感悟，給繁忙的都市人一個補給的空間，讓他休息過後能更好的投入下一步的工作，這種身心的調整，是和吃一頓大餐不同的。

茶藝館的種類和經營模式現在有很多種，但是我覺得不論哪一種，都要經營出自己的風格來，而且為了顧客的多元化需求，有時候也會做一些改變。像我們老舍茶館這麼傳統的老北京茶館，我們也提供烏龍茶，因為有客人就是喝不慣蓋碗，但是烏龍茶絕不是我們的主打，八成以上都還是蓋碗，還有一些新興的造形茶類。我覺得茶藝館應該是在保留傳統獨特風格的基礎上，留出一部分的空間，來迎合市場和消費者的變化或者創新，但是一定要有一個根本的部分，是永遠都不能變的。

范 **您認爲紅茶在茶藝館行得通嗎？**

尹 我們的茶藝館比較特殊，外國的客人比較多，我們是站在為客人提供個性化服務的立場來定位的。將來也會考慮立頓紅茶，加奶加檸檬，因為客人初次來是品嚐我們的茶，可是久了以後，他還是想喝他習慣的東西，包括咖啡我也考慮過，但是如果說老舍茶館給客人提供咖啡，那在北京和茶藝館同行中一定會影響不小。只是我想給客人一種家的感覺，就是你想喝什麼，就盡可能的提供什麼。當然這些都

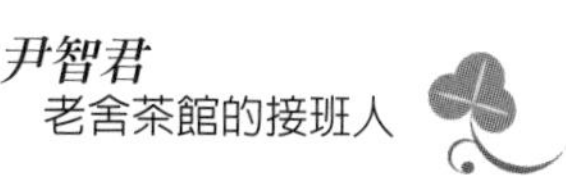

要在保持原汁原味的文化、環境的前提之下，再來滿足客人。滿足客人就是滿足市場，因為你只有先去做了，你才有更大的發展空間，也才能繼續為推動傳統文化而努力。

范 **您對中國茶文化的未來發展有何看法？**

尹 中國茶文化的未來，我認為，自我來講應該是提升，對外來講應該是擴張。因為現在中國富裕了，老百姓也富裕了，每次我看到麥當勞、肯德基的時候就有一種感悟，我就覺得如果中國茶館類的精英，比如老舍、五福，如果也能在國外開了很多，那種文化的滲入，比賺了多少錢都重要，因為那是一個國家、一個民族的本和魂。在文化上面擴張了之後，你才能吸引國外的人來投資你的國家，來旅遊觀光，同時更好的促進國家的發展。文化的滲入是不分老少和人種的，而且給人留下的印象是終身的影響，比如我們的客人中有一些外國小學生特別喜歡京劇，我想他以後一定還會再來，而且會影響到他的下一代。所以我覺得中國的茶文化也是需要有一批不畏艱難險阻的先驅，進行不斷的推動之後，推向國外，讓世界認識中國、認識中國茶。

范 **請您對「茶人」下一個定義，您認爲怎麼樣的人才能稱做「茶人」？**

尹 我覺得茶人應該是非常平和的，而且少有功利心，不能說完全沒有，但是要少有，他才能做一個茶人。

范 **請您談談對人生的看法？**

尹 我覺得人生就是一個經歷，一個過程，無論你是酸甜苦辣、高興、憂愁，甚至很多很多的坎坷，我覺得人活著就是為了經歷，無論是哪一個段落，你只要是經歷了，你努力了，就不愧對你的人生。我覺得不應該用順、逆、高興、憂愁，去簡單地概括人生，因為無論是哪一個階段，都是你應該經歷的。

范 **那您有沒有一些個人的生涯規劃？**

尹 因為別人也問過我，說父親去世以後，你有沒有想過不做這個行業了？我說我還真沒想過，我從來沒想過離開老舍茶館之後我能做什麼，我就是想把這個民族品牌在我這一代也把它經營好，最好還能夠青出於藍而勝於藍，這是我的一個願望，但是我和我父親相比我的願望和能力還差很多，我會盡量去努力。現在對於我本人來講，傳統文化的熱愛已經不只是表面上的了，我覺得我肩負著我這一代人的傳承責任，那麼我這一代人可能又在其中賦予了一些現代的氣息，應該說是更美麗的繼承，不是原來剛出土的樣子，要讓更多的人去認知他。如果要做到這點，不是簡單的一句話就行，需要投入時間、精力、財力去實踐，這個過程就是我的人生追求了。

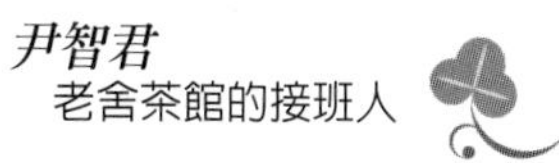

范 聽您講了這些，我覺得您非常了不起，是一個眞正的茶人。首先，您說您從小看的書或者是你的個性中有點憂鬱，這就是茶的美。茶的眞正的美是什麼呢，是淒迷的美、是淡淡哀愁的美、是落花的美，所以茶被叫做殘缺的美、不完全的美，不完全、不平衡、不充實的美，就是永遠有一種不足的那種美。（尹：正因爲不足就總有一種希望。）

第二，您說人生就是一種經歷，這就是茶的精神。茶的美、茶的精神就是在過程，不是在結果。一般人喝茶就只會說好香好甘，但這不是茶的結果，喝茶的眞正享受是在過程。就像您說的，人生是個經歷，而不是這個人死的時候有多少錢。

茶的精神與我們中華民族的精神非常契合，我們有一個少數民族德昂族，就把茶作爲圖騰，還有兩句話我也常和學生講，就是茶的自述：「我把最美麗的顏色給了別人，自己留下白色，我把最甜美的果實給了別人，自己留下苦澀。」這就是茶的精神，和您講的非常契合。而且您那麼重視文化，很高興和您談茶，您講得很好很了不起，是一個眞正的茶人。

盛志耘

資深媒體人
——談茶藝師考試及學茶的感悟

盛志耘女士，福建廈門人，任職於中央人民廣播電台，因從小生長在我國茶文化興盛的茶鄉，加之工作關係經常往來中國各地，2002年還曾經派駐台灣，因此，除了對大陸的飲茶習俗有深刻了解外，對寶島台灣的茶藝也有深入的探訪，盛女士曾在台北的貓空實地和茶農面對面交流，而該地的茶農絕大部分來自福建省的安溪，也就是泉州，與盛女士是同鄉，彼此相見，自然很自在的用家鄉話來親切交談，這是她派駐台灣工作的意外收穫，更增加了她對茶藝的熱愛。

認識盛志耘女士是在2001年的事，我們在北京參加「茶人雅集」活動，在北京市外事職高的實習茶藝館，她娓娓道來大陸的茶事，尤其講到福建閩南一帶，如數家珍，並建議我多到那些地方去看一看，還說她有一位長輩盛國榮先生，對茶的醫療保健效果有很深的研究，著有一本《飲茶養生》的書。這本書我早在1990年代即閱讀過，那時才知道原來作者是盛女士家族的人，因此就更引起了我的注意，於是，我們就有了更多的聯繫，茶，成為了我們友誼的重要紐帶，真正應驗了「以茶會友」這句話。

盛女士是媒體工作者，平時都是她訪問別人，2004年2月17日的下午，我在北京反客為主，訪問了她。

＊　＊　＊　＊　＊

范 **您是廈門人，我們都知道那裡是茶文化很發達的地方，請您談談茶藝在廈門的發展情況。**

盛 我是廈門人，只是離開廈門也很久了，但是我對廈門有一個最深刻的印象，就是廈門人對茶的喜愛，彷彿是一種與生俱來的現象，如果你到廈門去，會發現有百分之七八十甚至更多的人都是飲茶人口。你走在廈門的街上，尤其是夏天，在一些老城區，你會看到很多的家庭在門口納涼，支一個小茶几，一家人或者是三五個好友聚在一起，大家泡著一壺功夫茶，邊聊邊喝茶，那種感覺特別的溫馨。所以說在廈門，喝茶是非常普遍的事，以至於廈門人朋友之間見面打招呼，都會說：有空到我家來泡茶喔，聽起來感覺特別親切，茶已經成為一種傳遞友情的符號。那麼說到廈門的茶藝館，我覺得我還不算很了解，因為每次出差回去都是匆匆忙忙，但是我也和一些朋友聊過，也曾經到開茶藝館的朋友那裡去坐一坐，我覺得廈門的茶藝館從密集度來講並不是很多，和在台灣見到的那種密集度還差很多，廈門更體現的是那種家庭式的愛茶，我是這樣感覺這樣理解的，也許會有點偏頗吧，因為我畢竟沒有長年住在廈門。

范 **您已通過中級茶藝師的認證考試，請問您當時爲什麼會想到參加茶藝師的培訓？您是參加哪裡的培訓班？請您介紹一下那裡的培訓情形。**

盛 說起參加茶藝師的培訓，並不是一時的興起，而是我比較久以前就有的想法，剛剛我講到對茶的熱愛像是廈門人與生俱來的特點，而且就我自己來講，我的家裡是八代的祖傳中醫，把對茶的愛好跟人的健康、跟中醫的食療都結合

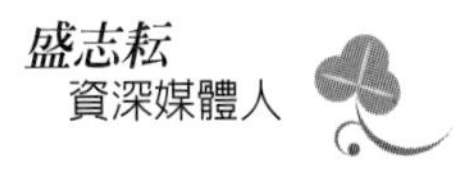

在一起，對茶就有了一個比較特別的理解。比如我的叔叔是國家衛生部首批公布的五百名著名老中醫之一，他當時在七十年代末就已經寫出了《茶葉與健康》，這本書曾翻譯成六種文字銷售到世界各地，後來他又寫了《茶與茶療》，我叔叔都會對別人講說，他這一生沒有其他的嗜好，就是喜歡喝茶，他說他每年喝掉的茶大概有三十斤，他到處給別人介紹喝茶的好處，說他自己都八九十歲了，身體還很好，就是喝茶的關係。所以在家庭的這種氛圍影響下，使我對茶非常的喜歡，儘管離開廈門已經很久了，但是我還是每天養成一種習慣，就是早上起來喝一杯茶，工作累了晚上回來，不像很多北方人一樣喜歡喝冷飲，冷飲和我是絕緣的，我也不喝咖啡，我在外面跑得很累的時候，回來就是泡一杯熱茶，喝完後出一身汗，感覺就非常舒服，所以說我原本就是對茶很喜歡的。那麼怎麼會去參加茶藝師的培訓，我想可能是個緣份吧，自從幾年前認識了范先生，又透過您認識了很多茶藝界的朋友，在和他們交談中，我覺得自己儘管喜歡茶，但是對茶藝對茶文化都是不懂的，所以我一直在想找個時間來參加培訓班，但是因為工作很忙，一直在東南西北地跑著採訪，所以一直都沒有下決心來做這件事，後來那一次跟著您和一些朋友到天津去看茶餐，就偶然的聊起來，大家都很鼓勵我，讓我趕緊去參加培訓，我想想也是，因為事情是永遠辦不完的，任何時候都有那時候的事，不能再等有時間了，所以我當時就下定決心，報名參加了最近的那一次培訓班，雖然因為我常出差，但我仍然沒有漏掉第一次和第二次的課，因為我覺得領我進門的這兩節課我一定要參加，就這樣我就進了這個門。可是進了門之後我才發現，茶藝和茶文化的東西，並不是我三個月就能學完的。我常和我的朋友說，沒學茶的時候我覺得我不懂茶文化，可是進了茶的門，我好像發現我不懂的東西更多，因為茶的涉及面太廣了，有美學、文學、醫學、藝術等等，比如我叔叔寫的這本《茶與茶療》，他從內科、皮膚科、婦科等等方面，分類的非常細緻。所以我一學之後，才覺得茶文化真的是太淵博、太精深了。

我是參加了北京市外事職業高中所辦的茶藝師培訓班，是利用週六和週末的時間去上課，大約上了三個月的課，比較系統的學習了一些茶藝的基礎知識。

另外談到北京外事職業高中的茶藝課，我認為和別的地方有些不一樣，最主要的是他每一期的茶藝班，都能夠把范先生從台灣請來授課，儘管只有兩三天，但是我覺得非常寶貴，因為通過范先生的講解，我們能了解一些茶藝在台灣的發展情況，茶藝在台灣產生的過程，還有台灣的十大名茶的介紹，就是說把台灣茶文化最基本的情況介紹給大陸的茶文化愛好者，我覺得這一點特別的難能可貴，一方面大陸的愛好者了解了台灣茶藝的情況，另一方面也的確促進了兩岸的交流，我認為這一點非常的好。

范 **是否請您談談參加茶藝師培訓和考試的過程中，讓您印象最深刻的是什麼？**

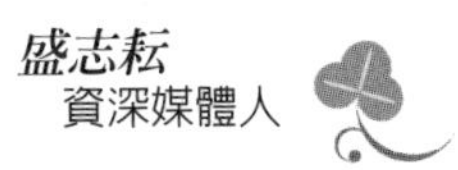

盛 我覺得最難忘的是我在學茶的過程中的一種體驗，因為我的工作很忙，工作節奏又非常快，再有就是離開校門也有相當長的時間了，我看我們班上我算年齡最大的，別的都是年輕人，有的甚至和我女兒的年齡差不多，但是因為我的社會經驗比較多，所以在理解力上比年輕人和學生要強，只是我有個很明顯的不足，就是我的記憶力在衰退，遠遠不如那些孩子，所以在學習的過程中，茶藝有很多很規範的東西，必須要去背下來，尤其是一些很基礎的知識，另外還要操作，帶有一點表演的性質。所以我就想，我要學就要學好它，我有弱勢也有強項，當然相比之下我的弱勢多一點，我的記憶力不足，手腳也沒有那些小姑娘那麼靈活，所以我在學這些最基礎的東西的時候，我就要花費比別人更多的時間。我記得我這個班要結業考試的時候是在七月底，正是北京最炎熱的時候，當時每天晚上我什麼活動都不參加，晚飯後就在家裡練習泡茶，每天把烏龍茶、花茶、紅茶、綠茶，每種茶的泡茶程序都練習一遍，還得邊做邊看著稿子，因為記不起來，每天我都練習一兩個小時，一點都不誇張。我覺得這個過程是一個很大的樂趣，一方面因為它是新鮮的東西，會刺激腦細胞的活躍，再一方面是那種學習和操作的方式，讓我想起年輕的時候在學校學習的感覺，很長時間沒有經歷過這種程序了，我每天關著門在房間裡練習，在那樣的大夏天裡，竟然不會覺得熱，而且我做的時候就會覺得自己氣定神閒，好像在做氣功一樣，就像老師講的，泡茶的時候就好比懷抱太極的感覺，我覺得還真的有，我做完了以後會覺得頭腦很清醒，身體的狀態也非常好，晚上睡覺也睡得很好。所以我後來剛考完茶藝師的時候，常請朋友到家裡喝茶，我把茶具端出來往那一坐，她們就說，你馬上就變得不一樣了呢，我自己也覺得，茶壺往前面一放，自己挺胸收腹穩穩一坐，那種感覺非常地好。所以要說學茶藝給我印象最深的是什麼，我覺得是讓我重新又體驗到了，要學好一種東西，要有一種鍥而不捨的精神才行。

范 **您對於茶藝師的培訓和認證考試方式，有些什麼建議？**

盛 我覺得這個茶藝班總的來講還是很制度化的，既有理論上的授課，也有茶藝表演操作上的教學。那麼我覺得需要加強的，是在辨茶的部分，課程應該再多一點，按照初級、中級、高級來設置進階式的內容。因為我們當時這方面教得不多，所以現在別人一問我：這是什麼茶啊？我就覺得自己這方面的知識有很多空白，另外我覺得來參加茶藝班的人，除了開茶藝館的，其他都是些業餘愛好者，他除了要了解茶藝、茶文化的基本知識，還想要學一點比較實用的東西，所以我認為辨茶是非常重要的一環。

范 **請問您在學茶之後，在生活上和未學茶之前有些什麼不同？**

盛 要說改變，我覺得首先是家人沾光了，我先生和我女兒都沾光了，以前我雖然也天天泡茶喝，但是比較隨意，

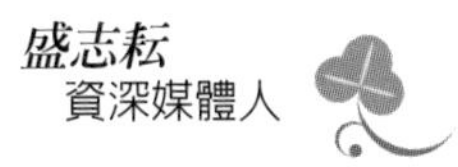

學完茶之後，我就知道了要如何泡好一壺茶，如何享受一杯茶，這一點的體會是最深的。記得當時為了要練好茶藝的表演，我特意去馬連道買了一套茶具回來，我家裡原本就有很多好茶，可是平時他們都沒覺得好，那一天我用那套茶具按照老師教的程序泡好後，女兒和先生都說，今天晚上這茶真好喝啊，這是什麼茶啊，我說你們別那麼誇張，這是我們前一陣子一直都在喝的茶，現在只剩最後一點了，他們都說，那怎麼喝起來那麼不一樣，我就說，不一樣了吧，學會泡茶和不會泡茶就是不一樣了吧！他們也都認同。這不一樣了之後，我就多了一項工作，每天晚上晚飯之後，如果我超過半小時還沒有泡茶給他們喝，就有人會提出抗議來了，說要喝茶了媽媽，或者說：該泡茶了吧。就這樣，這個泡茶的任務就完完全全落在我的身上了。但是，反過來講，我也覺得很幸福，因為我的茶壺一拿出來，女兒和先生就都湊過來了，一個坐這邊，一個坐那邊，圍著我等著，這種全家圍坐的感覺十分愉快，因為白天大家都忙，晚上才有機會全家人在一起，這樣一起泡著茶交談交談，非常有家庭的樂趣。有時候我也說，你們為什麼不自己泡，都得等著我，可是他們自己泡出來的就不如我泡的好喝，我就說，學茶和沒學茶就是不一樣吧！我的時間沒白費吧！錢沒白花吧！所以我就說，不一樣就是不一樣吧。

當然了，您剛剛問我學茶之後生活的變化，我剛剛談的都是一些表象的東西，一些情趣。如果再說深一層的東西，學完茶之後，尤其是在跟一些茶業界的朋友或者是喜歡茶的朋友，因為茶而在一起交流，大家在一起聊天時，也會很感悟的說，我們人生有很多地方，跟茶是很相像的，比如說我們現在一生在奮鬥，一開始都是很忙碌、很辛苦的在打拚，那麼到了一個階段，事業上有了一定的成就，或者像范先生您一樣，十多年來奔波於海峽兩岸，雖然真的是很辛苦，可是當您一看到到大陸來結識了這麼多的朋友，您的著作也一本一本的出來，這些都是收穫，這個感覺就好像泡了一壺茶，你一聞到茶的清香，感覺就非常好，就感覺說，那就是收穫。所以，學完茶之後，我們會對人生有很多的感悟，包括我剛說的，聞到茶香。另外還有一個感覺就是，人生不管是長還是短，一個人的一生就是在平平淡淡中渡過了，也像泡茶一樣，越泡越淡，但是不管如何，我們都得認認真真的來泡這壺茶，不管這壺茶是濃是淡，做人就是要認認真真，不管這壺茶是新泡的還是已經泡得快要沒有味道，我還是要認真的泡。

范　現在您也是茶藝師了，有沒有什麼特別的感覺，家裡的人有什麼看法？

盛　這個問題我們剛剛也說到了，家裡面的人就感覺說，你泡出來的茶，跟沒學的就是不一樣，朋友也都感覺說，哎呀！確確實實不一樣，這個時候我都會很自豪的告訴他們，學和不學就是不一樣，不一樣就是不一樣，這是我最大的感覺。

盛志耘
資深媒體人

范 **請問您在工作上和家庭中是如何享受茶藝生活的？是否請您談談您家庭生活的安排？**

盛 我的很多朋友都說，你現在看起來好像身體狀況很好，精神很飽滿，包括有時候有流感，或者我們在外面採訪，東南西北地跑，要適應很多不同的地域氣候，可是朋友們都說，怎麼看你身體一直都這麼強壯啊，我就說，我有一個秘訣，就是喝茶。我早上起來第一個動作是燒水，然後就是泡茶，我喝的不多，喝兩小杯，之後，我就開始做早餐。然後一到辦公室，我一定泡茶，我在辦公室泡綠茶，比較省事，就在杯子裡直接泡。回家後，就比較正規，泡的是烏龍，因為辦公室沒有那一套茶具。所以，我有時候真的有一種感覺，如果偶爾受風寒、偏頭痛，或者是吃得不舒服、肚子脹，我就在晚飯後半小時，重新燒水，泡一壺茶，坐下來和家裡人喝，他們當然沒有我享受得久，他們都是匆匆忙忙的喝完，就該做什麼做什麼去了，我就一個人自斟自酌，喝滿滿兩小壺，喝完之後，我出一點微汗，打個嗝，身體的不舒服的感覺，就確確實實全都消失了，第二天仍然是精神抖擻的上班。所以我覺得茶帶來的好處真的是非常的實際和實惠。

范 **您是新聞工作者，對於事物的敏感度特別強，就您的看法，請您談談目前我國茶藝的發展情形？**

盛 自從我和您、和其他茶藝、茶業界的朋友有了來往之後，我對茶藝和茶業的關注度就多了很多，因為喜歡茶，我也做過好幾個關於茶方面的節目，包括茶餐的出現，包括閩台茶文化的交流情況，我都很關注。我出差的時候也是，比如我們去年到重慶參加國際旅遊節，就專門安排了我們去永川參觀茶的產業，那是一個很大的茶莊，也是台灣人來投資的。當時因為我們活動非常地忙，有很多的選擇，我就說，我參加這個茶的行程，其他的就不參加了，我們的同事都很奇怪，說其他的活動那麼多，我怎麼就對這個情有獨鍾呢？我就說我一定得去看這個茶莊。同樣的，到福建的時候，我也專程去參觀了李瑞河先生的茶葉博物館，李瑞河先生也一直陪著我，幫我介紹他的各種各樣的茶藝館。所以就是說，因為學了茶，對這一方面的關注就更多了，給我的一個感覺是，大陸這些年來，茶葉的生產以及茶文化的發展，都是相當快的，這些我就簡單的帶過去。那麼我想說的是，現在我們和台灣的交往非常多，通過這種交往、交流，很多人也知道台灣茶，也喜歡台灣茶，我感覺一個問題就是，什麼地方才能買到真正的台灣茶，因為，很多茶葉店標的也是高山茶、東方美人，但是我心裡確實沒把握，不知道它是真正從台灣運過來的茶葉，還是在大陸生產的茶葉用的這樣的包裝，也就是說在賣茶葉的過程中，還需要一些更規範的東西，這是我感覺到的一個問題。還有一個就是，沒有品牌，我為什麼會提這個呢，比如說烏龍茶，前些年在北方還不怎麼為人們所認知，這幾年隨著茶藝的發展，好多人都知道了烏龍茶，可是呢，我所見到的烏龍茶，比如安溪最著名的鐵

觀音，我當時就發現，怎麼見到的茶葉寫的都是鐵觀音，而且現在越來越高級了，還叫鐵觀音王、超級鐵觀音，反正任何的安溪出的烏龍茶，都叫鐵觀音，或者叫觀音王。我也曾提出來建議過，記得那時我是陪同台北市的前市長高玉樹先生回鄉尋根祭祖，我就和安溪縣的主要領導提了一個意見，我說安溪的鐵觀音非常的著名，你們為什麼不打造一個品牌，規範符合這個品牌的才能叫鐵觀音，這樣才不會把你們自己的鐵觀音的名聲給攪亂了，否則，所有的茶都叫鐵觀音，實際上茶葉的品質是參差不齊的，所以我也建議他們用一個政府行為來規範一下，設立一個品牌和一個標準，包括茶葉的產、製、銷，都要改進。

范 **您認爲怎樣的人才能稱爲「茶人」？請您下一個定義。**

盛 這個我覺得我資格還不夠，要請范先生來下定義才行。所以我也和我的朋友講，我說我只是個茶藝的愛好者，我說你們沒見過茶人，茶人就像范先生這樣，心胸很豁達，為了一個事業那麼執著的在追求，為了茶文化的發揚光大，他能夠捨棄很多物質上的追求和享受，這種境界是一般人達不到的，我記得我們曾經在這個問題上有過溝通。但是，因為層次不一樣，認同就不一樣，所以我還是很敬佩您的，我覺得您真的是很不容易的，十幾二十年來，為了中國的茶文化，真的是捨棄了太多太多了，這一點我是非常敬佩的。

界定茶人的含義，可以說是仁者見仁，智者見智，如果說，以我個人的觀點來看待茶人的定義，我認為被稱為「茶人」者，應該具備三方面的條件：

1、熟知茶葉的基本知識。如茶葉生產、製作過程，茶區的分佈情況、茶葉種類、品質的辨別等等。

2、知識豐富、心胸坦蕩，有哲人的眼光。能以小見大，從茶、飲茶感悟事業及人生。

3、熱愛茶文化、弘揚茶文化。

范 **謝謝盛女士接受採訪，也祝福茶藝帶給您美好的生活。**

盛 謝謝您的祝福。

楊依萍

廣州規模最大茶藝館事業開拓者
——談特色茶藝館的經營和開拓

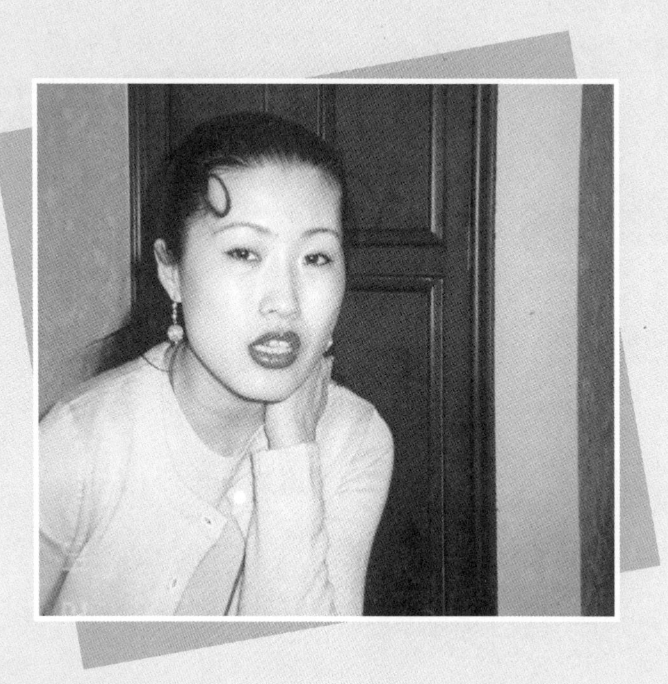

楊依萍小姐是在八年的時間裡，從一家小小的客廳式茶藝館到擁有廣州最大和連鎖店最多的茶藝館事業經營者，一路走來平順愉快，這其中的秘訣和方法是什麼呢？很多人都想了解。

我是在1996年認識楊小姐的，當時廣州的茶藝館，除了有茶藝樂園為人們較熟悉外，就陸羽軒和夢雨兩家茶藝館了，但這兩家很可惜未能堅持下來。在藝星茶藝館籌建的時候，認識了楊依萍，由於她待人親切、和善，給我深刻的印象，也因此，開幕時我親自前往剪綵並為她講授茶藝，並接受她拜師學藝的要求，楊依萍是我大陸的第一位弟子，因此，在最初幾年我很關注她的茶藝事業，我看著她的事業成長，也體會到她的用心和學習精神，在二沙島「雅韻茶藝館」開幕之後，我認為楊依萍已經是有方向、有理想的從事茶藝事業了，於是我就比較少到廣州，大部分的時間我是在北京推動茶藝師的培訓和教育。2004年2月我帶了將近20位的台灣茶藝學生到北京交流，特別打電話給依萍，要她到北京來看看，她也就欣然的到北京來，利用這個機會，請她談談心路歷程和感想。

＊　＊　＊　＊　＊

范　**請問楊小姐，您當時爲何會進茶藝這一行業？**

楊　我是1996年開始接觸茶藝的，因為在電視台工作，經常出去採訪，特別是到茶區那邊去採訪，品茗成癮，於是，每當三五成群的好哥們、好姊妹們聚在一起喝茶，就有人說，依萍呀！您開一家茶館，讓我們有一個好去處。當時廣州還沒有一個消費式的茶館，於是我就籌備一個會客室的茶藝館，沒想到在開業前幾天，有機會偶遇了范老師，范增平老師，和范老師諮詢了一些有關茶藝文化的事情，竟然發現茶藝不是那麼簡單的學科，其中包括了許多傳統文化的精華在裡面。從此之後，我對茶藝的看法有了新的觀點，改變了我當初的想法，也可說改變了我開茶藝館的初衷，讓三五成群的朋友一起品茶的場所，而以推廣和傳播茶文化的理念不斷地經營茶藝館，透過這段時間范老師不斷地給我一些觀點，例如：台灣茶文化的發展原因，茶文化的興盛會帶給人們精神文明建設的體認和提高，開茶藝館會讓自己綜合素質提升，而且茶藝文化也是一個立國立本的基礎建設，特別是提升國人的綜合素質有所幫助，修身養性的很好橋樑，所以，我對茶藝文化的看法徹底改變，以推廣茶文化為宗旨而經營茶藝館。

范 **您經營茶藝館已有七、八年了！在這七、八年當中有沒有讓您覺得印象深刻的事？請您談談其中的甘苦。**

楊 噢！其實也滿多的，最高興的事是成為范增平老師在大陸的第一位弟子，當時，我們還是鄭重其事地像在電影看到的很傳統的儀式一樣，上香、上茶、薪火相傳等的拜師，雖然經過了八年，我還是印象深刻，可以說，改變了我的人生吧！這是第一個開心的。第二個是范增平老師也跟我

提醒過，廣州的茶文化事業要發展，還有待於政府的支持，在他的建議之下，我們還很興致勃勃地去和政府聯繫，我們創造了「廣州茶文化協會」，並在98年、99年的時候籌備成立了協會，同時也有第一次的博覽會和研究會的活動，這是第二個值得開心的事。第三個是在廣州開辦了茶藝的培訓、講學和一些茶藝表演，受到社會和國際友人的關注和支持。我們的學生遍佈在法國、澳洲、日本、美國、加拿大，這些國際學生很用心的去傳播，並且說他們也立志要追隨范老師的理念推廣中華茶文化，這是第三個值得驕傲和開心的事。加上最近廣州市的一些領導也常蒞臨我們茶館，給我們提出了寶貴意見，為了提升茶藝館的綜合層次，也要我們在廣州開設一個園林式「茶藝大觀園」，現在我們也正緊鑼密鼓的積極籌備中，事實上好多好多開心的事，也無法一一道來，現在有說不盡的自豪和滿足，茶藝能帶給我們很多、很多心靈上的滿足。

快樂的事情，只要您有心，會源源不斷的從品茶中獲得；而苦嘛，實際上也伴隨著我八年來走過的路。我初期從事茶藝的時候，有無限的狂熱，現在想想還是令我為之一振的，當時有很多人潑我冷水，認為我們這一班年輕的小字輩有點狂妄，他覺得我們要讓廣州市民每家每戶到茶樓去吃早點的那種喝茶習慣轉變到去品飲、品茶的境界上，根本是做不到的，經常給我們惡言譏諷，事實上到現在為止，我們已經度過了艱苦歲月。范老師的茶藝宗旨，是把茶藝推到千家萬戶的理念，我們已經做到了，雖然我們歷程艱苦，但還是有許多樂趣。還有我們籌備了茶文化協會的工作，我們做了很多事，但是，政府卻沒有因此而給我們特別的照顧和好處，有時候也有失落的感覺。但是想想，從事茶文化不是追求平凡、樸實嗎？所以也必須自我調節一下。還有，茶藝館這個名稱，在廣州有時也不是很被人接受，廣州聽說有一種叫「摸摸茶館」，雖然廣州有300多家茶藝館，事實上，正統的從事專業茶藝推廣的，只有那麼10幾家，而這10幾家中，也只有少數幾家一直規矩的、寂寞的在經營。因此，我們除了保持著茶藝館這個名詞外，也增加了一個理念，將名稱叫做：「茶元素空間」，我們希望把茶這個領域不斷地擴大，讓更多的人去理解、去欣賞、去體會、去享受高文化品質的茶。畢竟快樂的事情，在茶人心目中會源源不斷的出現。茶藝在廣州之所以昌盛，有賴於台灣專家、學者，以及中國大陸學者們的執著和鑽研。您看去年中國有一個浩劫，有SARS，但全國各大報章、雜誌都在登喝茶可抗SARS，包括前陣子，報紙也刊登過綠茶可抗AIDS，可以減少癌症的發生，從健康的角度、從修身養性的角度、從提高人們快樂的機會和空間的角度，我覺得大家都應該多關注茶、關注茶文化、關注中國文化。真的，茶帶給我八年的享受，享受其內涵，給我無上的快樂。

茶之所以耐人尋味，不是簡單幾句話可以完整表述的，我覺得真的需要通過沖泡過程中細細體會感覺，然後在一個

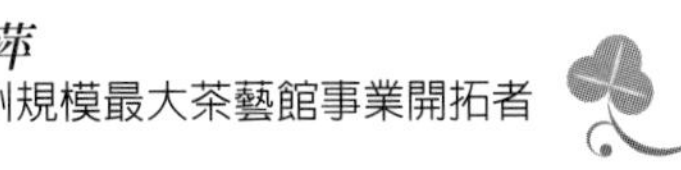

優雅的環境裡，慢慢的去嘗試，從心裡面去體會到這杯茶的內涵，才能明白我的意思。

范 **另外，請您談談目前的茶藝事業狀況，開了多少家，經營狀況如何？**

楊 我的茶藝事業，有順利，也有坎坷，在經營過程中，曾遭遇到搭檔的退出，茶藝這個行業也有一段時間萎縮，自從我早期的第一家，到現在的10家，共獲得三個品牌，同時，近期還要開兩家茶藝館，從茶藝館這個名稱更名為「茶元素空間」。這個時期，得到了省委省政府的支持，現在我們即將要開兩家特色店，一家「新格調店」，有5000平方米，廣州地區都是號稱第一茶藝地區吧！然後，另外有一家是很精緻的，只有300多平米，有五米多高，這家店我們主要訴求為青年從品酒、品咖啡的習慣轉變到品茶，也因此融合了東西方的元素，我相信會帶給茶藝界新的理念。另外，我們有一家「茶藝大觀園」，是在廣州市政府的附近，那個地方每一個房間會以不同城市去命名，我們的茶藝師會穿著不同城市的民族服裝去表演不同城市的茶藝，歡迎大家到廣州時能到我們茶藝館來欣賞。

當然，我仍然要回到那句話，沒有當初范老師的指引就沒有今天的茶藝事業，我打算把茶藝做為我的終身事業，其他的事業所賺的利潤全拿來做為獲取這份事業的滿足，不管這裡面能否獲得經濟效益，我為自己能從事茶藝事業感到驕傲。

范　是否請您較詳細的介紹您這幾家店，有特色的店。

楊　我們公司茶藝館各具特色，每一家的風格都不同。前面我已說過了，我們是為了傳播茶文化，我們根據廣州市場的客戶規劃出不同的領域空間，為不同的客戶群量身訂做他們所需求的茶藝館。我們有為藝術家和演藝人員所開設的茶藝館，那家茶藝館內設有古箏和字畫的展示；還有一家茶藝館針對設計和建築行業而設計，它的裝修很抽象，裡面融合了很多中國線條的設計美；還有一家是特色店，每一間房間以不同城市來做設計，有各城市的茶藝師去演繹不同城市的茶藝表演；另外一家是專為官方的領導而設計，例如飲茶的外事接待、內部接待。高規格的茶藝館，裡面會有很多講座，比如談插花、日本茶道、香道、中國茶藝、禪等，這家茶藝館主要是以講座來表現的；還有一家是以家庭主婦為主的精緻小茶藝館，這家小店除了教家庭主婦如何泡一壺好茶，還傳授一些居家理念，例如陶藝、編織品等，這家茶藝館很受歡迎，她們先生也歡迎，通過她們來這裡學習，家庭的和諧和穩定性加強了！所以茶不是那麼簡單，只是品一杯有滋味的水嗎？我覺得不是，一杯茶裡面有很多很多讓人思考的，有益身心，促使感情的因素。因此我很執著欣賞茶藝，陶醉在茶藝的空間裡。

我今天很隨意的說說，但這是我的心聲，我很享受這份中國傳統文化，謝謝茶帶給我那麼多的體會，沒有茶就沒有

今天的茶藝事業，我在廣州茶人界裡，只是一個小女子，但是受到很多人的關注，應該說很欣賞我，所以從事茶文化事業，帶給我很多尊重，所以要謝謝茶，謝謝老祖宗陸羽，謝謝啟蒙老師范增平。

范 **請您談談目前茶藝館的看法。**

楊 目前的茶藝館，就中國大陸的茶藝館來說，可分為三大類，第一類，是以弘揚中國傳統文化為已任的專業茶藝館，這類茶藝館是以高格調、高品味的特性呈現，它出現兩類情況，不是叫好不叫座，就是叫座不叫好，實際上，經過這麼多年茶藝館的演變，現在能夠留存下來的主要是叫好又叫座的。另外一類是以銷售茶葉、茶具為主的場所，是一種消費性場所，他們早期生意非常好，但隨著茶具的批發市場出現和興旺後，這類茶藝館即不斷地萎縮，不論經濟效益或社會效益都與日俱下。第三類是一種掛羊頭賣狗肉的偏向型茶藝館，這種茶藝館是打一槍、放一炮的，毫無聲名，完全不能稱之為茶藝館。

我們所說的茶藝館，真正我們談論到的茶藝館，除了有社會效益、經濟效益之外，它的文化含量也是以弘揚中國文化為已任，在推廣當中，它會不斷地開設茶藝班，沙龍展示活動，在各大傳媒、很多的報刊、雜誌、電視上，引起人們對茶藝館的認識，從初入門的認識到深入的去體會。我認為中國茶文化事業的發展很有前景，為何會這麼說呢？因為我深有體會，也是最大的獲益者之一。早年從事茶藝館的很多人，因為看到茶藝館的興起而投入這行業，比如說他看到一家茶藝館開設，他就會到這家茶藝館去觀摩，而最後他無法理解到茶文化的深淵，學到的只是有形無質。現在很多從事茶藝館的人員，他們的心都在研究、在發覺、在尋找更多茶藝未知的領域。茶文化事業是很受重視的，譬如說，我的一個法國學生，他在法國很受尊重和認識，在中法建交 40 年的慶典上，他是和法國巴黎市長，歐盟主席同坐在第一排，並列坐在一起，可見這位從事茶藝的學生是多麼受到重視。法國人認為中國的茶文化是很深奧的學科，他們如癡如醉地去探尋。另外一位日本的學生，她學過日本茶道，但後來發現中國的茶藝有更多深奧之處。

范 **請您談談您從事茶藝業的心得，您理想中的茶藝事業是如何？**

楊 歷來中國的茶和中國的歷史文化、政治、經濟都有密切聯繫的，現在中國的茶文化在 90 年代初開始可以說是鼎盛期，除了有很多的愛好者加入這行業之外，對於茶文化的研究、增加對茶的品飲藝術、表演藝術的探討都在積極進行，尤其在國家與國家之間，地區與地區之間，還有省與省之間的茶文化交流，都是高潮迭起。像今年，不論是湖南、四川、上海等都有茶文化的國際性活動，中國茶文化的蓬勃發展是愈來愈推向前進。

我理想中的茶藝館是能夠提供每一個人都能喝到一杯好

茶，學會如何品到一杯好茶的場所。即曲藝、民族表演、茶藝表演，展示民族文化，這種舞台式表演的茶藝館，以及茶跟藝相關的表現，經常舉辦茶藝、書法、花道、曲藝等的講座，也就是琴、棋、書、畫，希望在廣州能夠有一家像北京「老舍茶館」那樣，能品味中國民俗文化又能夠欣賞茶藝表演的茶藝館，有大型舞台，有表演氣氛的茶藝館。同時也要能讓客人永遠有新的體會，因此，不斷地創新是我的追求。

范 **請您談談您的成長過程。**

楊 我祖籍是廣東大埔，梅江在我的家鄉流淌著。我出生在廣州，因為父親怕我遺忘自己家鄉的風土，因此小時候把我留在家鄉。我的家鄉很愛茶，每家每戶都喜歡喝茶，功夫茶雖然是潮汕地區的，但在我的家鄉也同樣愛功夫茶。另外我家鄉的人也很愛看書，所以從小就愛茶、愛看書，婦女也比較受傳統文化的影響，三從四德的思想依然受到重視。因此，我小時候的教育也是比較傳統的，父親是從事文化事業的，而母親是受湖北和上海西式文化教育長大的，於是像鋼琴、小提琴我都有接觸，油畫、舞蹈也學學，所以，母親常說，我是萬金油，什麼都懂，什麼也不精。但是，現在我從事茶藝卻很能夠找到感覺，因為茶藝是綜合藝術的表現，需要很多的體會，因為以前有很多的學習，對我現在從事茶藝能夠找到很好的感覺很有幫助，我一見到一件物品，就能夠把廢墟變成一家茶藝館，可以說化腐朽為神奇吧！這是從小修練得來的，在這裡我要謝謝我的父母，帶給我今天一生的事業，當然，啟蒙老師也很重要，他引發我接觸到茶。

小學我曾經在武漢唸書，後來我考到廣東中山大學中文系，在唸書時就考入電視台工作，因工作關係常到鄉村去採訪，常接觸到功夫茶，這也是因此結交了一些茶友，而觸動我開設茶藝館的原因之一吧！

范 **請您給茶人下一個建議，什麼樣的人才可以說是茶人。**

楊 茶人首先是要愛喝茶，還要選茶、識茶、傳播茶。同時還要有平常心，懂得待人處世。要有平常心，平凡的心態，這樣才會有耐力和毅力去習茶。不要太考慮功利和一些外在物質的因素，要多一點體會內在的因素。一個茶人的氣質是和別人不同的，跟普通的民眾氣質是不同的，我們說相由心生就是這個道理。

范 **您的休閒生活是如何安排的。**

楊 我平時是非常繁忙的，但我是很重視生活品質的，我一個星期會安排一天和孩子家人去打網球、爬爬山，或坐飛機到杭州去品品茶再回廣州，我是比較注重精神調節的，也利用休閒的時候多收集一些文章、刊物等跟茶有關的資料。

范 **說說您的人生觀。**

楊 我的人生觀是學習、學習，再學習，用心、用心，再用心。

鄭春瑛

第一位高級茶藝師
——談在體制內的茶藝教育

鄭春瑛女士，漢族，北京市人，國家一級教師、高級茶藝師。

1997年11月25日，一個多霧的早上，我從河南鄭州搭火車到達北京新客站，這是我第一次到北京新客站，因為約好會來接我的蘇文洋先生和我在不同的出站口錯過了，我即自行搭車到樂遊飯店，辦好入住手續後，再打電話和蘇先生聯絡，他也正因為在車站沒等到我而不知該如何，電話中他要我立即退房，他即刻過來接我。

蘇先生很快來接我到了西單的北京外事職高實習飯店，沒多久外事職高的遲校長就趕到飯店來，這是我第一次到外事職高，也是第一次和遲校長見面。

在這次見面之前，我並不知道外事職高這個學校，也不知道遲校長的想法。我之所以會和蘇文洋先生聯絡，是因為台灣的小提琴教授馮明先生，從北京捎給我「勝藍軒」茶藝館的照片，還有茶藝館的負責人蘇文洋先生希望邀請我去指導的訊息，因此我和蘇先生才有了聯絡。

遲校長、蘇先生和我三個人見面之後，主要是談論茶藝表演隊的培訓之事，在此之前，外事職高已經輸送學生到「勝藍軒」茶藝館，另一方面蘇先生想配合春節時地壇廟會的民俗活動，培訓一批茶藝表演的學生。這個構想是很符合社會發展的情勢的，但我認為這仍然是屬於權宜性的短期工程，我們應該著眼長遠的工程，辦教育是百年樹人之業。於是，我提出興辦「茶藝專業」的設想，遲校長反應迅速，立即認為這個構想是很好的方案，隨即召集兩位分管教學、就業的陳副校長和郭副校長一起商討籌組茶藝專業的具體步驟，當時最大的困難就是師資的問題。

我提出培訓初級茶藝師的課程需要20個小時，學校老師都是合格的老師，只要加以茶藝專業培訓即可。遲校長當即睿智的決定，1997年12月15日開始，全校老師在下午下課後，除了行政人員不能離開崗位外，其他老師在三點半到六點半的時間，全部到實習飯店上茶藝課。當時沒有實際操作的茶具，我緊急打電話給廣州的學生蘇智文先生，從廣州快速托運來10套教學用的茶具。我每天上課四個課時，連續上了五天中間沒有休息，共計40餘位老師完成了在大陸有史以來最正式的茶藝課程。那段時間有兩件事我印象特別深刻：一是我提出20個小時的課程，而遲校長說是20個課時，其中有時間差，根據大陸的課時安排，一個課時是45分鐘，因此，每天三小時五天即可全部結束課程，課時以45分鐘來計算，對我還是新的經驗。二是因為一連五天每天上課三小時，沒有休息、也沒有麥克風，我的喉嚨變得發炎咳嗽，但是為了效率、速成而犧牲。

通過這次培訓取得證書者將近40人，我們從中挑選4位老師，鄭春瑛老師是遲校長推薦的，經過考察後成為首選的茶藝教師，並於1997年12月20日在五福茶藝館亞運村店舉行了拜師儀式，蘇智文師兄特地從廣州來見證，遲校長列席觀禮，還有五福茶藝館的譚波總經理等，鄭春瑛成為我在

大陸北京地區的第一位弟子，茶藝教育從此也在中國的正規教育體制內展開，鄭春瑛老師從此肩負了這項新的使命，也因為承受了我較多的要求和責備，經過了一次又一次的委屈、磨練，朝著茶人的路努力前行，打造生命的價值。（2004 年 8 月 25 日）

*　　*　　*　　*　　*

范　請問您，做爲范增平的弟子，也是第一位全國正式授證的高級茶藝師，您有什麼感想？

鄭　我覺得能成為范增平老師的弟子我感到非常的榮幸，同時也從內心裡感到非常的高興。范先生是台灣著名的茶藝大師，為了茶藝事業苦心研究茶藝二十餘載，往返大陸 100 餘次，為兩岸的茶文化交流起了非常重要的作用。有幸的是我們北京外事學校通過晚報記者蘇文洋先生而結識了范先生，在校長遲銘先生的正確決定以及教育局的大力支持下，我校建立了全國首家茶藝專業。北京的茶藝館從幾十家到現在的幾百家，茶藝師是一個人才極缺的行業，尤其是高素質、高學歷、氣質形象都較好的茶藝師就更加缺乏，我校茶藝專業的建立恰恰彌補了這方面的空白。1998 年至今我校茶藝專業的學生始終供不應求，分配的學生也得到用人單位的好評。看到這些，做為他們的老師，我感到無比的欣慰和自豪。雖然我是第一個正式拿到由勞動部頒發的高級茶藝師證書，同時又是北京茶藝師考評委，但我覺得無論是對茶藝的理解還是對茶葉的認識都還遠遠不夠，都還需要努力的再學習。

范 **您是全國第一位正式合格的茶藝師，請問您對在學校講授茶藝課程的看法？**

鄭 我覺得在學校設立茶藝專業是非常重要的。首先我認為不只是我們這種職業學校，包括小學、中學甚至大學都有必要開設一些茶藝的課程，例如現在流行的少兒茶藝，就深受孩子和家長的歡迎。高中也同樣如此，現在西方的思想、生活方式、對物質的追求時時刻刻影響著他們，似乎西方的一切都是好的，又有多少人為了茶而放棄咖啡、可樂呢？中國傳統的東西越來越少，茶，這一中國古老的傳統文化，上下幾千年的歷史，又有多少中學生了解呢？可喜的是現在已經有很多大學建立了茶藝社團，給喜歡茶的學生一個學習了解茶的空間。另外設立茶藝專業，對學生陶冶性情、學習禮儀方面也有所幫助。因為茶藝包含的內容非常的廣，「松竹梅為友，詩書茶陶情」，喝茶、品茶、習茶可以使一個人的心態更加平和，更加寬容，更加善待自己，善待別人，能夠使自己的家庭更加和睦，使社會更加和諧。這些都會給學生的學習和生活帶來更多的美好。

范 **您介紹一下北京外事學校茶藝專業的課程設計如何？**

鄭 我校自 1998 年建立茶藝專業以來，已完成了所有教學大綱的擬定，共五門的課程，分別是：《茶藝概論》，主要包括茶葉發展史、茶與健康等內容；《茶葉學》，主要

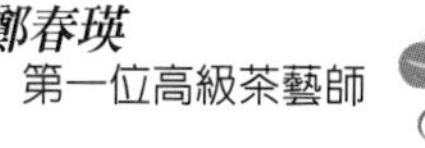

包括茶樹知識、茶葉的生產及製作、茶區分佈及中國名茶等內容；《茶藝禮儀》，主要包括茶藝人員的儀容儀表的要求、正確的姿態、茶會、餐前茶及會議茶水的服務等內容；《茶藝實務》，主要包括各種茶的沏泡及表演等內容；《茶藝館的經營與管理》，主要包括中國茶館的發展歷史、早期茶館的特點、現代茶藝館的分類、茶藝館工作人員的崗位職責、茶藝館的經營與管理等內容。教材是由高等教育出版社出版發行的《茶藝概論》，此書是由本人和李靖老師共同編著的，是中等職業學校茶藝專業的指定教材。每科都有教學大綱、教學計劃、課時安排。五科分三年學習完成，其中有半年的時間在茶藝館進行教學實習，把所學的理論知識運用到實踐當中去。學習中理論課程全部採用現代化教學方法，利用大量的圖片、投影、錄影、茶藝課件等豐富的教學方法和內容。實務部分則有實習茶藝館「中華茶藝園」，可以讓學生們充分練習和掌握所學。

范 **您認爲做爲一名茶藝專業教師，應該具備哪些條件？您擔任茶藝教師七年了，談談您的心得和感想？**

鄭 記得七年前剛剛結識范先生的時候，我從來不喝茶，可能是父親那濃重苦澀的花茶給我留下太深印象的緣故，所以在我的腦海裡茶是又苦又澀的，一點也提不起胃口。後來聽范先生講關於茶的知識，我才了解，原來茶有這麼多種，便嘗試著去喝綠茶、烏龍茶、紅茶，慢慢的開始喜歡上喝茶了，現在已經到了「不可一日無茶」的地步。茶既是健康的飲品，又是人們休閒娛樂必不可少的飲料，無論是出於健康還是源於我所從事的職業，茶可能會陪伴我的一生。我從事教育教學工作已經十七年，對於茶藝的教學除了講授內容不同，其他的對我來說也算是輕車熟路。這7年來我體會最深的也是對茶葉知識的缺乏，從第一天講課起就沒有停止學習，至今還是覺得對中國茶文化了解得不夠，還沒有學到精髓。其實講課對我來說也是一種學習，尤其是對成人的培訓，在受訓的成員裡，不乏一些茶葉的專家，每次課後我都會主動請他們給我提意見，指出不足。在授課中、在與他們的交談中我也學到了很多知識，可以說是受益非淺。學無止境，在以後的教學中我還是會繼續學習探索的。

范 **您認爲做爲一個茶人應具備什麼條件？請給茶人下一個定義。**

鄭 飲茶是一種藝術，是一種文化，它使人們得到精神的享受，產生一種美妙的感覺，茶藝中貫穿著儒、道、佛各家的深刻哲理和高深的思想，不僅是人們相互交流的媒介，而且是增進修養、助人內省、使人明心見性的功夫。有人說酒是火的性格，更接近西方文化的率直；茶是水的性格，更適於東方文化的柔韌幽深。茶是深邃的，做為茶人就像范先生所說，是農民、商人、文人，是一個綜合的人，既有農民的純樸，又有商人的機智，更有文人的文化內涵，所以能稱得上茶人實在很難。

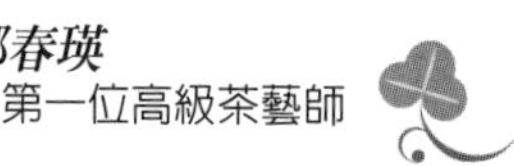

范 **談談自己的成長過程、教育經歷？**

鄭 本人自幼家庭條件較好，姊妹三個，我是最小，所以在家裡備受疼愛，生活條件也比較優越。1987年外事學校畢業後留校任教，本科學歷，1996年有幸結識范先生，潛心學習茶藝，並拜范先生為師。八年來從一個不喝茶、不懂茶，到愛上茶並且從事茶藝的教育，轉變非常大。在范先生的指導下，我們完成了教學大綱的制訂，並且編寫了《茶藝概論》一書，此書由高等教育出版社出版發行，做為中等學校茶藝專業的指定教材。並在中國勞動和社會保障部的委派下參與制訂《國家級茶藝師》標準的制訂以及教材的編寫。這些成績都和范先生的幫助是分不開的。

范 **請您談談您所知道的茶藝館的情況？**

鄭 北京茶藝館像雨後春筍般蓬勃發展，從1996年的幾十家到現在的幾百家，增長非常迅速。規模從高中低檔應有盡有，裝修各異，有江南園林式建築、北京四合院建築、老北京戲園子風格，還有日式風格的等等，各有自己的風格及特點。從經營上來說，有純以飲茶為主的，也由兼營茶餐茶具的。隨著人們生活水平的提高，休閒生活越來越趨於文化、品位，人們不只流連於喧囂的酒吧，也格外鍾情於安靜、雅致、富有文化氣息的茶藝館了，已經把喝茶當做時尚、品位的象徵了。目前北京茶藝館有很多都是需要提前訂位的，高峰的時段很難有位子。但也有一些茶藝館由於地理位置不佳、經營方式的原因等生意不夠好。我相信隨著北京人對茶的喜愛、品位的提高，茶藝館這一具有中國傳統文化內涵的休閒場所將越來越受到人們的歡迎，生意也將會越來越興盛。

李　靖

中華第一園高級茶藝師
——談第一家教學實習茶藝館

李靖女士，漢族，北京市人，北京外事職業高中一級教師，也是高級茶藝師。

富有文雅氣質的李靖老師，是我國首批取得高級茶藝師執照的少數幾位老師之一，她原本是北京市外事職高的初級教師，擔任飯店服務的指導老師，1998年參加全國首批茶藝師培訓班結業，當時國家還沒有正式公佈茶藝師的認證考試制度，而北京市外事職高是全國第一個經政府教委批准設立的茶藝專業學校，也是第一所把茶藝納入正規教育體制內的學校。由於茶藝專業的設置，必須要有學生實習的場所，於是實習茶藝館——「中華茶藝園」也就應運而生。1998年9月1日，學校新學期開學典禮的那一天，也是「中華茶藝園」揭牌的日子，出席揭牌的中央領導有台盟中央名譽主席、全國政協常委蔡子民先生，中共中央委員、全國僑聯副主席、全國人大常委林麗韞女士，以及教育部門、政府部門、民主黨派人士和外國來賓數十人，都參與了這項盛會。

為了配合中華茶藝專業的設置，從第一批培訓的教師中挑選了鄭春瑛、李靖、王蕊，擔任茶藝專業的首批專業老師，鄭春瑛負責教學部分，李靖負責實習茶藝館「中華茶藝園」的部分，王蕊則擔任第一屆茶藝班的班主任。

李靖負責實習茶藝館的開創和學生實習，並且配合後來的茶藝師培訓中心的工作，工作比別人忙，付出的時間、勞力都比別人多；但是，李靖始終都任勞任怨、孜孜不倦。轉眼七年了，從這七年的考驗中，我們可以看到李靖是一位好老師，也是一位合格的茶人。她負責、盡職，默默犧牲奉獻著自己，我做為一個茶藝教育的推動者，看到李靖老師生活充實、人生幸福，非常高興茶藝能夠帶給她快樂的人生，沒有將她引入錯誤的道路，我內心也就很欣慰、放心了。

2004年2月14日在北京中華茶藝園採訪李靖老師。

*　*　*　*　*

范　您是全國第一家學校實習茶藝館的主管，請您談談您的感想。

李　做為全國第一家學校實習茶藝館的主管，應該說我是幸運的！每個人都有自己的追求、人生觀、世界觀、價值觀，或許曾經我受命運的安排，走著一條墨守成規的路，今天受「茶」的牽引走進了另一個境界，從此改變了自己認為平淡的人生！我想用很多詞語來形容怎樣改變並不重要，重要的是引領我走這條路的人——我的老校長遲銘先生和與我共同工作的同事也是我的師姐鄭春瑛老師。如果說，他們是我轉折的契機，那麼我的老師范增平先生便是我一生的導航，這條路走起來非常艱辛，但又責無旁貸！

1998年，茶藝館建立，我和它共同成長。在六年的工作歷練中，我觸摸著、感覺著，似乎肩上的擔子很重很重。茶藝館的工作是詮釋茶文化的一種具體體現，所以，我要有茶人的心態和人格！我們的茶藝館名為「中華茶藝園」，雖然它只是一個茶藝館的名稱，但在眾多的茶藝館中顯得那麼與眾不同，應該說它蘊涵著使命感。因為，茶藝是中華民族

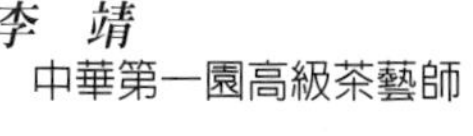

很傳統的文化，所以我們的茶藝館如果不像模像樣、不將傳統的中華茶文化淋漓盡致的宣揚，真的愧對於它！每當我走進茶園，腦海中所想到的並不是它的經濟效益而是如何展現真正茶藝館的形象。如果說管理這個茶園辛苦的話，我寧願有更多的辛苦，因為，從事茶藝事業是一生值得做的事；但要說困難，應該說有很多客觀因素使得原本規範的茶藝變得商業化，它的高品位在淡化，我們能夠提供給人們高雅的品茗氛圍，和周到細緻的茶藝服務，卻無法左右人們消遣的心理。大雅之堂登得、登不得，人們都在躍躍欲試！那麼，怎麼才能在人們品茗的時候有一個高層次的心理？從這一點說，經營茶藝館的目的現在看來顯得微薄了。當然，也要看茶藝館是否能生存，就當今的社會狀況，有的茶藝館溶入了許多非茶藝的內質，確實背負了一些負面的東西，此時，我倒覺得我們的「中華茶藝園」宛如荷花一樣出淤泥而不染！它少了些商業化的作為而更多的是純正，畢竟我們的茶藝館是學校的一部分，而服務人員都是學生，所以，更能維持它的原味，這是我心中理想的、完美的茶藝館！這不是在誇耀什麼，是因為我們要從這裡培養出徹頭徹底的專業人才。從在此品茗的人來看，應該讓他們知道原汁原味的茶藝館，而從服務人員來說，要讓他們得到人性的轉變，我想這就是我的使命和責任！

范 **北京市外事職高設立實習茶藝館已經六年了，請您談談這些年的重要紀事。**

李

茶藝館設立已經六年了，六年的時間我們走過了稚嫩邁向了成熟，在成長的過程中受到社會各界及諸多領導的關愛與扶持，使得我們這個實習基地被榮譽包裹著，經歷了輝煌的洗禮，多次接待了我校的參觀活動並對社會開放。本園接待過的有韓國茶神之稱的草衣禪師的傳人龍雲法師、台灣職業教育權威王廣亞老先生、著名書法家歐陽中石先生、北京知名畫家阿老等名人雅士。「全國十傑教師」和台灣教師訪問團曾到茶園參觀、品茶，為茶園留下了良好的口碑。由華僑茶業發展研究基金會主辦的第二屆茶人雅集也在這裡舉行。我們在自身不斷提高茶文化修養的同時，還把它傳播到大眾中去，1999年5月22日，中國貿易促進委員會舉辦了「99國際名牌戰略研討會」，我們則有幸被邀請到北京皇家大飯店做茶藝表演，宏揚中國茶文化，展示茶品瑰寶。事隔不足一月，我們又應中國茶文化展示會組委會邀請，在「99中國國際茶文化展示會」中做了精彩的茶藝表演，並獲得了榮譽證書。

1999年的暑假，茶藝隊的王瑩瑩同學不負眾望遠赴德國柏林進行為期3個月的茶藝表演，為中華茶文化的發展拓寬了新的道路；次年，應德方要求，第二批學生閔欣、李丹丹再次出色地完成了赴德的茶藝表演任務，並得到德方的盛讚；目前，已有五批學生赴德國進行表演。

就在千禧年來臨之際，我們茶藝隊的師生應邀在釣魚臺國賓館為首屆「四通杯中華禮儀知識大賽」所舉辦的記者招

李　靖
中華第一園高級茶藝師

待會做茶藝表演，贏得了全場的熱烈掌聲。會後政協副主席阿沛・阿旺晉美等領導與茶藝師生合影留念。

另外，在范先生的指導下，我們與勞動部、旅遊局共同合作在北京率先研究、確定茶藝師的資格認證事項，首批茶藝師認證考試已於 2001 年 4 月 15 日在我校進行，茶藝教師鄭春瑛、李靖擔任實操部分的評委。此事於 4 月 17 日登載在北京晚報上。同時兩位老師還參加了國家茶藝師的認證，並負責編寫禮儀部分的教材。此項工作正在進行中。

更為高興的是 2000 年 8 月我們茶藝班幾名優秀的學生應邀赴台灣參觀、學習，在范先生的帶領下我們參觀了茶園、茶場。在北埔進行了精彩的茶藝表演，受到台灣茶界的認可和盛讚。

榮譽的獲得離不開領導的關懷與支持，在中國茶文化處於盛行之時，我們還將做出不斷的努力，通過我們的學校，我們的專業，我們的茶園，讓世人都來矚目中國茶藝。

范 **請給茶人下一個定義，您認爲完美的茶人是怎麼樣的。**

李 茶文化的興起為人們填補了一項文化空白，也啟動了人們內心對茶的喜愛，我想凡是以不同形式從事茶文化工作的人，只要他們都能不遺餘力地在為茶藝事業真正的忙碌著，都應該算得上是「茶人」吧！至於完美的茶人，我想應該是我的夢想，或者是我想要成為的那種人——充滿智慧、具有良好的心態，願意為茶藝事業貢獻出畢生的精力卻無所求，就好像我的老師范增平先生，他可稱得上是一位完美的茶人，這是我一生所要追求的！

范 **您對目前的茶藝師培訓和認證考制有什麼看法？**

李 茶文化的興起為社會又帶來了另一個文化層面的提升，隨之應運而生的便是一處新的休閒場所——茶藝館。當茶藝館的生命維繫在茶藝服務人員身上時，服務行業又出現了新的職業「茶藝師」。1999 年茶藝師做為一種職業進入職業大典，這就意味著茶藝市場的規範迫在眉睫，從 2000 年茶藝師認證工作開始醞釀到 2001 年開始具體實施茶藝師的考證工作，歷時僅一年的時間，可見這是一種必然的趨勢！茶藝人員整體素質的提高不僅是茶文化的具體體現，也是一種無聲的宣揚，所以，我認為茶藝師的培訓和認證是上上策，特別是我具體參加此項工作感受頗深，如果沒有一種規範的制度，茶藝市場勢必有一天會成為一潭污水。而可喜的是，大家都在積極加入茶藝師培訓的行列，這不得不說明人們正在向更高的層次靠攏，但願茶藝師的認證工作是一個起點，讓茶文化有更輝煌的發展，我會為之付出不懈的努力！

范 **您也是茶藝實操課的教師，請談談您的教學情況和感想。**

李 如果說茶文化是從精神層面陶冶人性，那麼茶藝便是茶文化最直接的從行為上的體現。也許許多的理論知識不能讓人們顯而亦見地感受茶文化，但泡一壺茶卻能讓人從中

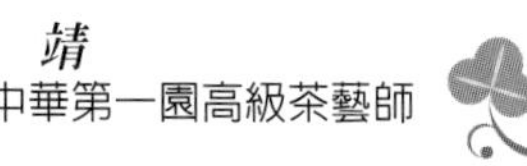

感受茶的氣息，所以，我覺得茶藝的實操課也是舉足輕重的，這是每個人對茶文化不同理解的具體體現。那麼實操課就不僅限於操作了，還蘊涵著思想、境界、知識以及人的綜合素質，而最終泡好的那壺茶並不重要，重要的是在操作過程中人性的提升！其實，泡茶的動作極為簡單，全身心的投入才是實操課的靈魂！

范 **您對人生的看法如何？**

李 我是一個比較簡單的人，我覺得只要有一顆善良的心，包容一切可以包容的人或事，做一份自己喜歡做的事，不要成為社會的負擔，也不要為爭奪名譽而不擇手段，就是很好的人生！就好像我現在與茶結下不解之緣，茶的樸實、淡雅是我所欣賞的。我的成長過程其實也是這樣，我的家庭給予我的觀念是善待生活，珍惜生活回饋給我的一切，所以從小到大我都覺得生活是愉快的，上學、工作對我來說是人生的一種經歷，也讓我看到了生活的另一面，有殘酷和冷漠，可是我學會了一種人生哲學，平和對待一切。這樣的性格似乎冥冥中與茶有著某種牽連，因此我愛茶，也願意平平淡淡走這條路，雖然做不出什麼轟轟烈烈之舉，但這是一種追求，是我的人生！

田　彤

茶、酒兩棲的講師
——談旅遊學院的茶藝教育

田彤女士，是中國旅遊教育最高學府——北京聯合大學旅遊學院的茶藝講師，是目前在中國最高學府講授茶藝的老師，她也是中國第一批培訓和考評茶藝師證書的考評官，本身除了具有調酒師的資格外，也是中國極少數受到正科班培訓出來的高級茶藝師。

認識田彤是在1999年修訂茶藝師認證考試制度之後，在建立茶藝師考試題庫專家論證的幾天裡，北京市外事職高是全國第一個組建茶藝專業（1997年）的學校，並且是首先審定茶藝師認證考試制度的單位，1999年在北京市旅遊局的領導下，我們（范增平、鄭春英、李靖、滕軍、陸堯）一起在北京市郊區的昌平附近集合在三天的時間裡論證、審訂完成茶藝師考試的題庫。田彤在那次論證會之後，便更加積極地投入茶藝師學習的工作。雖然，她曾經在幾個茶苑學習過茶藝，但總是感到不踏實，於是到外事職高從最基本學起，並在2000年4月20日下午拜師入門。2004年2月16日下午在北京外事職高中華茶葉園邀約了她。

*　*　*　*　*

范 **您為什麼會那麼喜歡茶藝？**

田 茶藝所表現出來的美感和文化底蘊非常吸引我。茶藝文化中所提倡的「和、敬、清、寂」，是一種悠遠、寧靜、平和的境界，也是我十分嚮往的境界。我的性格比較好靜，現代社會的浮躁、忙碌和競爭常常給人一種壓力，讓人感到緊張、煩躁，甚至迷失自我。在這種情況下，茶藝對於我來說是一種非常好的休閒方式，是一種非常有效的減壓方式。哪怕工作再忙、事情再多，至少在泡茶、品茶的時候我能把這些事情丟在一邊，全身心地去體會茶的美，這時的心境是平靜而愉快的。

對我來說，茶藝還是一個陶冶性情的途徑。我喜歡茶，我也熱愛中國傳統文化。茶藝剛好將兩者結合起來。在學習茶藝的基礎上，進一步擴展，開始學習古箏、插花，了解書畫、陶瓷藝術，每一樣我都很喜歡，生活也因此豐富了很多。

范　您目前在旅遊學院擔任餐飲管理的講師，請問您對茶藝館的管理有什麼看法？您對茶藝館經營的建議是什麼？

田　我對北京的茶藝館了解多一些，就談談對北京的茶藝館的看法。我覺得目前北京的茶藝館存在這樣幾個問題：一是價格偏高，平均每人消費少則幾十元，多則上百元；二是茶的質量不夠理想，有的茶藝館老闆認為反正客人沒有幾個懂茶的，選茶時就不夠精心，一味追求低成本；三是茶藝館服務人員的學歷水平普遍偏低，素質有待進一步的提高；四是北京的茶藝館風格雷同的很多，具有經營特色的不多。

對茶藝館經營的建議，我覺得有些茶藝館應該把價格降下來，以適合大眾消費群體。現在北京的茶藝館由於消費水平較高，商務客人居多，普通消費者光顧的不多。經營者應該對市場進行細分，茶藝館也應該有高、中、低檔之分，針

對目標顧客群做出自己的特色來，以滿足不同層次的客人的需要。

范　您對全國各地紛紛成立茶藝師培訓中心及舉辦茶藝師認證考試的現象有什麼看法和建議？

田　茶藝師已經列入職業分類大典，成為一個工種，全國各地紛紛成立茶藝師培訓中心及舉辦茶藝師認證考試是一件好事，也是一個十分正常的現象，就和全國各地都有調酒師等工種的培訓和認證一樣。但茶藝師的培訓和認證又的確有特別之處，據我了解，參加茶藝師培訓和認證的考生主要是茶館（茶莊）的服務員和職業中學茶藝專業的學生，同時也吸引了一批社會上的茶藝愛好者，其中包括一定數量的大學在校生及一些在北京的日本、韓國等國家和地區的茶藝愛好者。考生學歷跨越了從高中、大學、碩士到博士的階層，這是其他工種在考評時所罕見的。由此可見茶藝師的培訓和認證帶有更強烈的文化色彩。透過這樣一個方式讓更多的人了解茶、熱愛茶，是非常好的事情。

我覺得各地的茶藝師培訓和認證工作要注意加強規範化管理，不要只顧經濟效益，不顧培訓、認證質量，時間長了會造成許多負面影響。另外，各地之間應該加強交流與溝通，不要互相排斥，甚至互相詆毀。茶文化是先人留下的一筆寶貴的財富，我們及我們的後代應該致力於這一文化的傳承與發揚，茶藝師的培訓與認證是為弘揚中國茶文化所做的眾多工作之一，還有許多工作需要廣大茶人共同努力去完成。

范 您對茶藝教育的看法如何？

田 茶藝教育應該是一種綜合的教育，它包含了藝術的教育、美學的教育、技藝的教育、禮法的教育，還有對人生的參悟。茶藝教育不能只限於茶藝師培訓，茶藝師的培訓只是茶藝教育的一個方面。茶藝教育不能只教學生認識茶葉、學會泡茶，重要的是引導他們領會茶藝的精隨，學習技藝、禮法，參悟人生哲學，引導學生在學習茶藝的基礎上更廣泛地接觸其他相關藝術，學習中國傳統文化。茶藝教育應該讓學生接受美好事物的薰陶，陶冶性情、美化人生，所以從某個角度來看，茶藝教育還是素質教育、德育教育。

范 請您談談您的成長過程和工作經歷、家庭狀況。

田 我生長在北京一個普通的家庭，是家裡的獨生女，從小父母對我的要求很嚴格。我在大學學的是食品科學與營養學專業，大學畢業後在北京旅遊學院從事餐飲專業的教學，到今年已經是第十個年頭了，我在學院主要講授酒水知識、餐飲管理、茶藝文化等課程。我很喜歡我的工作，和年輕人在一起總會令人忘記自己的年齡，覺得自己永遠年輕。能夠用自己的知識和經驗引領學生進入一個新的知識領域，能夠為學生打開一扇看到餐飲世界的窗，我覺得很有意義。

家裡人都有飲茶的習慣，我從三、四歲就喝茶，到現在

已經三十年了。開始學習茶的知識完全是出於個人的興趣、愛好，後來拜范增平先生為師，開始系統學習茶藝知識。我的先生在公司工作，他也喜歡茶，很支持我學習茶藝。

范 **您認爲作爲一個「茶人」應該具備什麼條件？請您給「茶人」下一個定義。**

田 我覺得「茶人」應該具備的最基本的條件是熱愛茶，將茶視為生活中不可缺少的組成部分。同時要有一顆平和、真誠的心，有嚴謹、恭敬的人生態度，有簡樸、健康的生活方式。茶人要將傳播茶文化看做自己的使命，不遺餘力地推動茶文化的發展。

范 **您對目前茶文化有什麼看法？**

田 茶文化是先人給我們留下的寶貴精神財富，做為後人要將其繼承並發揚，有義務將其一代代傳承下去。目前茶文化的發展和傳播還更多的停留在形式的層面上，而精神層面的發展和傳播還遠遠不夠。

范 **您平時如何享受茶藝生活？**

田 在我的生活中不可一日無茶，每天晚上晚飯後最重要的一件事情就是泡茶，工作再忙也要泡茶。我喜歡的茶很多，鐵觀音、龍井、碧螺春、黃山毛峰、太平猴魁、滇紅、普洱、岩茶等等，是我家裡必備的品種。我有一些非常精美的茶具，每天視心情而定選擇一兩種茶，搭配上相應的茶具，邊品茶，邊欣賞茶具，聽聽音樂、看看書或者家人聊聊天，享受一段愉快的晚間時光。

我還有幾位愛茶的朋友，大家經常約在一起品茶，誰得了一泡好茶都會拿來和大家一起分享，愛茶的人聚在一起聊天，永遠有說不完的話題。

范 **您對人生的看法如何？**

田 生命對每個人來說只有一次，所以要活出質量，要有盡可能多的人生體驗。工作是人生的重要組成部分，但不是人生的全部，所以在努力工作的同時一定要有適度的休閒，發展良好的興趣愛好，比如旅遊、音樂、運動、品茶、讀書等等。許多人為了金錢、地位忙忙碌碌，顧不上與家人、朋友交流，顧不上欣賞生活中的美好事物，比如一頓好飯、一杯好茶、一首好曲子、一本好書、一處好風景等等，每天陷於繁忙的事務，這樣的生活品質並不高。人不可能都成為名人、富豪，做為一個普通人，要學會幸福的生活。要從事一份自己喜愛的工作，要培養一種良好的興趣愛好，要結交一些志同道合的朋友，要懂得欣賞生活中一切美好的事物，要明白知足常樂的道理。這樣我們的人生才會過得積極、充實、愉快、平安、不孤獨、不焦慮、不迷惘、不貪婪。

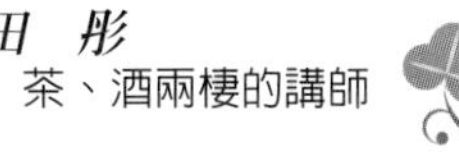

施麗君

一位佛教的信徒
——談天湖茶業公司的創立過程

（右一）

施麗君小姐，福建省福鼎縣人，現任天湖茶業公司銷售部總經理，是虔誠的佛教徒，也是慈濟功德會的會員，敬仰證嚴法師，經常茹素，待人熱誠，是很有理想的年輕茶人。

1998 年，馬連道茶葉一條街還是剛起步不久的時候，我前往參觀，在眾多的茶莊之中，我看到福鼎縣的茶莊，因為曾去過福鼎縣，於是就想進去看看，走入這家茶莊，看到裡面有兩位小姐在看店，我看了一下茶葉，其中一位看我的樣子應該不是本地人，於是聊了幾句，她知道了我是台灣來的，她說她是慈濟的會員，我們立刻覺得親切了許多，我給了她名片，就這樣結下了緣份。後來一直到了 2002 年，我們才再碰面，我已經有點不認識她了，但施麗君提起第一次見面的經過，我立刻就想起來了，真是茶緣留芳！她送我的一罐「綠雪芽」，使我回味無窮。

今年，我辦了幾次活動，施麗君提供「綠雪芽」做為大家的飲品，反應很好，因為是來自閩東太姥山的有機茶，不僅口感上很好，心理的感受也很踏實，更看到施麗君陶醉在茶的天地裡。（2003 年 4 月日）

＊　＊　＊　＊　＊

范 **請您談談爲什麼會走上茶這一行來？**

施 我高中畢業，本來是想考大學，但是家裡窮，怕供不起我，我是家裡的長女嘛，要為家裡分擔一點，於是想出來選擇一個好職業就行了，一些朋友就建議我學法律，也有人建議我學財會什麼的，結果都不行。我成長在茶鄉，茶業還不是很發展，從小就浸潤在這茶香中，父輩家裡雖然不是做茶，但也愛喝茶，每天早上起來先泡一壺茶，不喝茶還不吃早餐呢。我爸爸現在還有一個茶壺，黑呼呼的，我以前想喝茶時，曾偷偷的用過那壺茶，還因此被打過，所以我覺得很神秘、也很吸引我，不管怎麼樣，喝了一口茶那種感覺特別的好，非常的舒服。我從小就有這種感覺，所以我就毅然選擇了茶這個專業。然後在學校讀了兩年之後，從此就和茶結下了不解之緣，到現在依然是那麼的愛茶。

范 **您讀的是哪一個茶校，是大學還是專科？畢業之後進入茶業的過程是否請您談談？**

施 我是高中畢業，考進福安農校，讀兩年茶葉專業，畢業後由政府分配安排到福鼎縣政府唯一的茶廠——福鼎茶廠工作。我家住在福鼎，福安農校曾經搬到寧德，讀書的時候是住校，在農校讀茶葉專業，我讀的主要是在茶葉評審這方面的。

范 **您的先生也是學茶的，夫妻能夠如此配合也不是很容易，您們是怎樣認識的？**

施 我和我先生是福安農校的同學，他原本已經在茶業公司工作，因為他是個很好學的人，公司派他到我們學校來培訓，所以我認識了也是一樣愛茶的他。

范 **你們結婚之後就自己創業了嗎？**

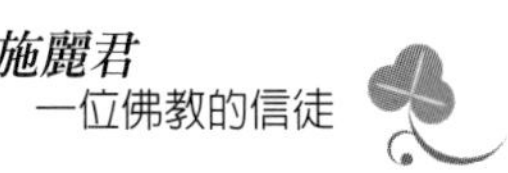

施 沒有，結婚之後也一直在國家單位工作，1998年國營企業不行了，我們就自己出來創業。

范 現在這個「綠雪芽」品牌的企業是你們自己創立的嗎？

施 是的，是自己創立，不是祖產，也不是政府的，完全是個人企業。

范 請您談談您創業的經過？

施 最早創立時，是跟國家承包一個非常小的茶廠，從1998年到2001年，我們看到了社會從計劃經濟到市場經濟的這個混亂的過程，覺得實在不行，市場經濟的規律一定要來調整。所以，我們的眼光就走向比較大的市場方向，我們要一個品牌，要一個自己的工廠，要自己的基地，這樣我們才能在質量上穩定，創立品牌。我們相信將來的市場競爭，肯定是一個品牌的競爭，那時的那種混亂無序的競爭，不是我們想要踏入的。所以，我們在非常艱苦的情況下，投資了一個做有機茶的基地，是跟國家承包的，原來是一個農場，廢棄的農場，半荒廢的山地，有兩千多畝，現在是認證的有機茶基地。今年我們承包茶園有一年半了，我們想如果沒有自己的工廠，東加工西加工也不是辦法，質量也不會穩定，不如有自己的工廠，在我們條件還不是很好的情況下，我們就開了一個工廠，工廠佔地15畝，產品並準備進軍國際市場。我們蓋工廠還是經過ISO9000認證，按標準去做的，一步到位，不想說將來不合標準，又要去改。

范 **您在1997年創業的時候資金來源如何？大約投資多少？**

施 資金是自己籌的，當時不到100萬，部分是自己累積的資金，部分是靠親戚朋友籌來的。

范 **到現在（2003年）的資本有多少？**

施 有兩千畝的茶園和自己的工廠，大約資產是600萬，我們是比較穩定的成長，不願意像市場上一些暴發戶一樣。

范 **將來有什麼計劃？**

施 將來希望做得更像樣一點，自己的產品以品牌意識去做，加大品牌意識，然後看看能不能在國際市場上找到立足之地。

范 **現在有幾個連鎖店或專賣店？**

施 現在有10個，先把基地穩固起來，在市場上再擴展。

范 **您如何兼顧家庭和工作？**

施 我有兩個小孩。家庭方面，自己覺得非常幸福和溫馨，我和我先生同樣都非常愛茶，也有同樣的信仰，我們都

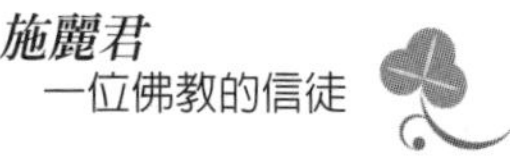

信佛教，我們倆的家庭都同樣受傳統的教育，可以說我們是志同道合，現在又都愛茶愛得不得了。在工作上，我是他的員工，是他的部門經理，我們從來沒有以家庭的管理模式去看待自己，我把自己的位置擺得很好，我就是一個職工。他很愛茶，也很認真，他就全心全意的去發展事業，他的人品就像他做的茶一樣好。他在福建的基地那邊全心全意的抓產品質量和工廠那一塊，他認為質量是茶業的命脈。我就做銷售這一部分，指導專賣店按公司的經營理念去發展，雖然不是很快，但是我們是一步一腳印的走。家庭方面，小孩我想讓他們自立，如果孩子都在父母的呵護下，他們不經受任何的挫折也不好，所以我把小孩都放在私立學校就讀，讓他們住校，男孩在杭州風景優美的梅家塢，女兒在北京的密雲，也是很好的地方，除了九年的義務教育，我還讓她受傳統教育，讓她讀四書五經。我的孩子也很愛茶，經常喝茶。我對他們還是比較滿意的。

范 **目前您的茶業業務的發展市場主要是哪裡？**

施 南、北方的市場其實我們都很注意。我們的有機茶全國都銷售得很好，上海、廣州的茶葉出口公司都直接到我們的基地來參觀和進貨。這算是我們走向國際的一個小起點吧。我們的花茶主要銷售在北方，我們做傳統的白茶，則銷在廣州。也有紅茶，我們做的是白琳工夫茶，主要也是廣州。除了普洱茶沒有生產之外，其他茶葉都有做。

范 **您是比較早做有機茶的，當時是怎樣的觀念？**

施 從早期開始，我和我先生的信念就是做茶葉是有利於人類健康的事，這可能和我們的信仰有關，佛家說：「我們做了事業以後，要利益大眾，對大眾的身心都要利益到。」身體健康和心理健康，現在我完全體會到這個，茶葉本身對人的身體健康確實起到一定的作用，但是，經濟市場的競爭非常無序，我發現有些茶含有不應有的東西或者做得不好，對人的健康有害，我覺得這不行，質量很重要。我們看到報導說，將來國際上有機農業的運動將加快發展，有機農產品在競爭上將會比較有發展，我們就毅然決然的朝這個方向去做。

范 **您自己有幾個兄弟姐妹？有沒有做茶？**

施 我有一個弟弟、一個妹妹，都沒做茶。

范 **那先生的家人呢？有沒有做茶？**

施 他有一個弟弟，沒有做茶。還有兩個妹妹，都有做茶。

范 **施麗君對於茶的熱愛是因爲從小生長在茶鄉，又學了茶葉專業，再和喜歡茶的先生結婚。其實最重要的還是她**

有一顆充滿智慧的心，也就是她有慧根，這是茶葉經營者很重要的條件之一，也是做爲一個茶人的條件之一。

廉愛花

朝鮮族的年輕茶人
——談進入草衣禪師的茶道境界

廉愛花小姐，一位年紀輕，但已有豐富的茶藝經驗的美麗茶人。有高雅的氣質，具備茶人的謙和、嚴謹、清幽的氣質，從事茶藝館經營已有十年的歷史，雖然幾經遷徙，最後落腳在北京的馬連道茶城。在馬連道茶城的二樓開設了一家「草衣茶室」，草衣是韓國茶聖的名字，草衣禪師在韓國是家喻戶曉的，尤其是茶界，有如中國的陸羽、日本的榮西禪師一樣，是茶文化界的代表人物。廉愛花小姐所以取「草衣」為她經營的店名，主要是藉著古代的茶聖來護祐她的事業，也標榜草衣來做為自己追求大成就的目標。當然，因為自己是朝鮮族，接觸韓國的客人比較方便，韓國的客人也因為如此，就以草衣茶室做為到北京茶城必定造訪的地方。

認識廉愛花小姐，是從一位十多年前在台灣留學的韓國學生金億變介紹，那是在2001年下半年的事，她為了學茶藝花費了很多錢，但都沒有得到正途。後來到了北京外事職業高中的茶藝培訓中心才得到正統的培訓課程，並取得了中級茶藝師證書。

在2002年8月12日經介紹推薦而拜師成為茶人之家的一份子，在2003年的下半年已得到高級茶藝師的資格。廉愛花的茶藝歷程曾經是艱苦的，但目前已是平順的進步中，一方面是她自己的努力和待人謙虛、實在的態度，贏得大家的讚美，在這一代年輕人中，能有如此涵養的實在不多，兢兢業業，腳踏實地的開拓事業是值得肯定的。2004年2月17日於北京馬連道訪問了她。

*　*　*　*　*

范 **請問廉小姐當初爲什麼會從事茶藝這個行業？**

廉 我是1995年來北京學服裝設計，到北京不久認識一位韓國茶人，他非常喜歡中國茶，一有時間就給我講好多關於茶葉的知識，所以就日漸慢慢喜歡茶，於是改行開始做茶。

范 **我知道您曾經開設過茶藝館，請問在哪一年？叫什麼名稱？後來爲什麼又收了？從那時起到現在的草衣茶室其中的經過是否請您談一談。**

廉 1996年10月1日我在海澱區五道口開設茶藝館，當時北京還不到十家茶藝館吧，我們茶館面積較小，不到50平方米，裝修風格是韓國傳統茶藝館的模式，很多人都非常喜歡。主要的客人也以外國留學生為主，但也有國內的茶客。我開這家鬧中取靜的茶館是受到了韓國茶人的影響，通過他才認識了茶，所以取名叫「草衣茶室」，草衣是韓國的「茶聖」。但開了不到一年為了擴路就被拆了。當時我們在經濟上受到了很大的損失，不過在這短短的時間內，有幸認識了好多茶友。這些茶友又在這鬧中取靜的地方留下了好多箴言。現在每當翻開這本留言書，我感到很自豪，因為這是我自己唯一獨有的財富。雖然在經濟上受到了很大的損失，但在精神上獲得的財富是沒法用金錢可以衡量了。

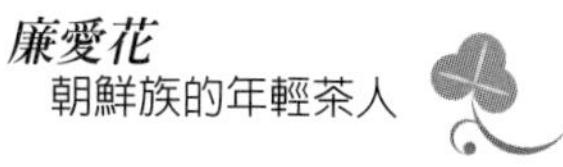

范 **您是朝鮮族，請介紹一下朝鮮族的飲茶習慣，請問在朝鮮族的生活中茶有什麼地位？**

廉 大部分朝鮮族都居住在東北三省，東北自然環境水質都好，但不產茶。所以喝茶的人沒有南方產茶省份那麼普遍，但朝鮮族在長期生活中形成了自己的習俗，喝「代飲茶」，如五味子茶、棗湯、人參茶等等。

范 **您經營茶藝事業這幾年來，一定經歷了不少曲折，請您談一談其中的甘苦。**

廉 當時我進入茶藝事業時，歲數也不大，對茶葉的了解也不多，經驗甚少，所以交了不少學費，也曾被人騙過幾次，但為了堅持做下去下了很多功夫，極力參加全國各地的茶博覽會以及茶藝培訓班，還有為了跟韓國茶人交流也學過韓國茶禮。到如今茶行業發展得很快，所以我的經營思路是專業化、高檔化，特別是對紫砂壺和普洱茶。以前我周圍包括我們家人也都不喝茶，但受到了我的影響自然而然地接受了茶，我小妹也改行從事茶藝事業，通過茶我又認識了一位古琴老師，學彈古琴，總之通過茶認識了好多好人，也學習著怎樣做人。

范 **據我所知，您的草衣茶室接待了不少韓國的朋友，爲什麼韓國的朋友喜歡來您的店？您對韓國來的客人有什麼樣的印象和看法？**

廉 因為我是朝鮮族，所以在語言上沒有障礙，另一個原因是我比較了解韓國人的飲茶習慣以及他們的口味，我們店大部分客人是韓國的茶商和茶人，除了茶商以外的客人好多還不了解中國的茶，也有一部份的茶商是在品質和信用上對中國的茶有所不滿，透過到我們草衣茶室的交流之後，才漸漸的喜愛和認識了中國茶，也就來店裡採購一些中國茶到韓國去。我認為茶商是宣傳中國茶文化的最好載體了，茶是中國的國飲，是茶農們的辛苦結晶，茶是文化也是商品，商品是過程，文化是長久的。一杯茶、一份緣，為了讓這份緣保持長久，我們茶室在信用品質上掌握得很緊。我們茶室的一杯茶、一份情傳到了他們的內心深處。在韓國喝茶的比例較少，但喝茶的人都會很講究的，他們對品質的要求都很嚴格。

范 **請您談一談您的成長過程和工作經歷，家庭狀況。**

廉 我出生在吉林省的一個小縣城。是三女中的長女，父母和小妹也從事茶業事業。二妹在韓國一家公司上班，我在老家學的是服裝專業，所以剛到北京時也是學服裝設計，那時我認識的一位韓國茶人，他所講的「無我、犧牲、凝聚天地日月靈氣的茶」吸引了我，所以從那時起到如今我一直從事茶業事業。

范 **您認爲做爲茶人，應具備什麼條件？請您給「茶人」下一個定義。**

廉 我資歷還淺，人生經驗也少，所以下「茶人」這個定義很難。但我從事茶行業後感覺到自己的精神和茶的精神

連接在一起了。茶不僅對身體有益，精神上也起到很大的啟迪作用。茶是用心體會才能真正享受它的美，在日趨激烈的競爭中，茶是調解生活以及精神的「潤滑劑」，所以每天都要喝杯茶反省我自己。

范 **您對目前的茶藝文化有什麼看法？**

廉 因目前我還處於學習的過程，我是會支持大家去推廣喝茶的，但希望推廣喝茶的人一定要提升茶文化的理解，以及茶的精神。因茶不只是商品。

范 **您平時如何享受茶藝生活？**

廉 各種茶類我都喜歡喝，但我胃不好，所以平時還是喝普洱茶的次數比較多。近來我對普洱茶和紫砂壺很感興趣。用好的紫砂壺泡一杯普洱，再彈彈古琴，這是我目前最大的享受。

范 **您對人生看法如何？**

廉 對人生沒什麼特別的建議，只想在日常生活中用平常心做平凡的事，就像茶一樣。人生多煩事，就是吃飯、喝茶好了。

武　鵬

志在弘揚文化的愛茶人
——談茶藝的十德六美

武鵬是學財會的高材生，而今為了品味生活而喜愛了茶藝，從學習茶藝而取得茶藝師資格，為實踐弘揚茶文化的志向而走訪北歐，其心細膩，用心幽遠，令人感動。

認識武鵬女士是2003年在北京市茶藝師培訓中心的課堂上，因學習茶藝而結緣，隨後我每次到北京總會見面，一來請她幫忙一些資料彙整的工作；二來也希望藉此機會讓她多和茶界人士接觸，增廣見聞。經過一年多來的了解，武鵬是一位很善良，做事認真負責，做人信用可靠的優秀人才，這樣的青年在我們的茶人團體內是有典範作用的。我於2004年2月15日又到北京時，即決定採訪她，經過交談，武鵬很快的就把書面稿整理出來，談得很有深度。

* * * * *

范 **您是學財會的，爲什麼會喜歡茶藝？**

武 我從事的是財務工作，可以說從工作中帶給我的樂趣不多，和數字打交道很枯燥，而且工作壓力也很大。平時我一直想找一個方式來釋放緊張的工作壓力，原來我最大的興趣是彈奏古筝，但也就是自娛自樂，沒有真正使我達到平和、寬容、清寂的心境。後來在網路上看到台灣茶藝大師范增平先生到北京外事職高講學，於是報名參加了茶藝師培訓班。經范先生講授我才明白，茶藝之精髓——和、敬、清、寂，我想這就是我所找尋的理想意境，於是就一下喜歡上了茶藝。

范 我知道您參加北京外事職高茶藝師培訓班並取得茶藝師的資格證書，請問您是基於什麼原因參加茶藝師的考試？

武 有一位在瑞典的朋友要開茶藝館，問我是否願意去那裡，我欣然同意了。就著手準備工作，去了解茶藝、茶葉、茶具、茶藝館等等，收集了相關的資料。我想從事茶藝工作應該取得行業從業資格；其次經過職業培訓，從理論上也可提高自己的專業知識；再有在培訓過程中還可以結識茶藝界的朋友，對自己經營拓寬思路都很有幫助。後來經過專業老師的培訓，從理論到實際操作也確實使我受益非淺。

范 您對北京市目前的茶藝館的看法如何？

武 這方面我目前接觸的還不很多，北京的茶藝館確實不少，中式的、西式的、中西結合的等等。我認為中國茶藝應以中國的方式發展，它畢竟萃集了中國幾千年的傳統文化而流傳下來，因為它是民族的，所以才是世界的，這是我們的驕傲。我不是排斥西方的茶文化，只是各有所好。我們應取之精華，去之糟粕，使中、西方的茶文化更好的融合、共同發展。

范 請您談談您的成長過程和工作經歷、家庭狀況。

武 我談談與茶有關的事情和我學習茶藝的一點心得吧。我與茶結緣是源於父母喜歡飲茶，孩提時對茶的印象是，

每當房間裡飄滿茶香，我就可以坐在父母身旁聽故事了。那時起，我說我會喜歡一輩子茶，因為我要聽故事；而父母似乎也在飲茶時品味著人生的甘苦。長大後，我為父母斟茶、泡茶，開始給父母講我的故事了。茶陪伴父母一生，也陪伴我成長，同時又是父母愛我，我愛父母的見證。在後來茶藝的學習中，感悟到就是茶文化的「和敬」。

范　您認爲做一個茶人應具備什麼條件？請您給茶人下一個定義。

武　「茶人」我認為不是一個簡單的從事茶事的人，更重要的是體現在精神層面。茶——品茶，人——人品，品茶、品人，茶與人的和——即是茶品人品的和諧、統一。茶人要有學者般的聰明智慧，詩人般的淡泊明志，儒家般的平和，佛家般的儉德，道家般的無我。然而人的外在東西透過一些方式可以變得很美好，但人的靈魂是需要自身在各方面知識的不斷充實、累積，經過紛繁人生的歷練，要用心去感悟如茶一般的人生：和、淨、清、寂。只有厚積，才能勃發，才能在哲理、倫理、道德上得到昇華。在學習茶藝過程中，最令我感動的是：茶藝大師范增平先生對茶文化的熱愛到了忘我的境界，以至於二十餘年始終如一、不遺餘力的專心研究茶藝，並對中國海峽兩岸茶文化事業的交流、發展起著極其重要的推動作用。范先生也正是經歷了幾番苦寒，幾十年的人生積澱，才成為當今的茶藝大師，真正的茶人。我欽佩范先生，後拜范先生為師，這對我來說是莫大的榮幸，即使做不了范先生這樣真正的茶人，我也要做個愛茶的人。

范 **聽說您有意前往瑞典從事茶藝館工作？是怎樣的情況？**

武 有這個計劃，有朋友在瑞典開了一家中醫診所，現在想擴大規模再開一家茶藝館，請我一起做這件事。在瑞典的中國人現在越來越多，隨著中國傳統文化被國際上更多的人認知，以及那裡的氣候，我認為開茶藝館的前景應該很好。我們現在正做準備工作，茶藝館的家具、茶具已經運過去一部分了，家具全是紫檀的中式家具，茶具是以中國宜興紫砂茶具為主，總體思路是把中國茶文化最傳統、最精華的東西展現出來，讓外國人認識中國、認識中國的茶文化，從而喜歡中國。

范 **您對中國的茶文化向國際傳播有什麼看法？尤其是現代茶藝的國際化發展，您認爲前景如何？**

武 我們是想透過茶藝館這個橋樑，達到向世界傳播中國的茶文化的目的。中國是茶的發源地，是茶的故鄉。我國的茶葉數量品種之多，製作之精良是無可比擬的。早在漢代時已傳入日本，十六世紀才傳入歐洲，在清乾隆十年（1745年），中國的武夷岩茶和瓷器等就遠渡重洋到達了瑞典。由於海船在瑞典近海沉沒，於1984年打撈出海，1993年沉船的珍品展覽在上海市博物館展出。這證明中國茶葉在國際上是被廣泛認可的，但是中國茶藝被欣賞的範圍還很小。中國茶文化的博大精深，翻開中華五千年的文明史，似乎頁頁飄

有茶香。這還需要我們後人把它當作一項民族事業並去完成，讓中國茶香飄向世界各個角落，讓中國茶水灑向世界各地，讓中國茶藝被世界更多的人欣賞，讓中國茶人的茶德受到世界更多人的敬重。對於已有幾千年歷史的中國茶文化，外國人十分熱衷，不遠萬里來到中國，學習中國茶藝，我們做為中國茶文化的繼承人，更要學好、做好。同時做為一位范先生的弟子，中國茶文化傳播的後來者，我會為弘揚和發展中國茶藝盡棉薄之力。

范 **您對目前的茶藝文化有什麼看法？**

武 「看法」談不上，可以說說我學習茶藝的感受。俗話說：師傅領進門，修行在個人。在拜范先生為師後，對茶文化的喜愛也越加強烈。現在只要是有關茶方面的信息，我都很感興趣。我深感自己對於茶文化知之甚微，需要不斷學習。因為學習茶藝，我了解了茶葉的發展史、茶葉的生產和製作、茶葉與人體健康、中國的茗茶、各民族的茶俗、茶藝的技藝等等。在學習了茶藝知識和行茶技巧以後，與朋友相約品茶，才體會到了范老師講的茶會有「一期一會」之說的深刻含義。我們所做的每一次茶會，可能都是一生之中僅有的一次，相聚品茶是緣分，也是福分，以茶結緣，以福相托。所以我會惜緣、惜福、更惜茶。

范 **您平時如何享受茶藝生活？**

武 因為學習茶藝，我不僅喜歡古箏，還喜歡上了書法、瓷器、陶藝，興趣越加廣泛，使我增長不少見識，結識許多有共同興趣愛好的朋友，生活也變得豐富起來。在生活中茶始終默默的陪伴著我，可見以前我並沒有真正意義上的了解它、感知它，我還在找尋虛幻的感覺。自從學習茶藝後，我找到了讓心境清寂、寧靜、平和、寬容的感覺，同時給自己的心靈找到了一片放牧的淨土。當我靜下心來去泡一杯茶，聽著《高山流水》，等著葉片輕輕張開，茶湯慢慢漸黃，茶香徐徐飄散；再品上一口茶時，會覺得這世界上只有這杯茶了，心靈會有「月穿江底水無痕」的奇妙感覺。也許這就是茶的「清寂」。享受茶藝生活是修身養性、陶冶情操，把思想昇華到富有哲理的境界。難怪茶被稱之為「健康之液、靈魂之飲」。茶是我國的「國飲」，茶通六藝，而在品茶時則講究六藝助茶。自從喜歡上茶藝，使我對古箏曲的理解也有所幫助，確實琴茶一理。有時來了朋友我們泡上一壺好茶，彈奏一曲，曲助茶興，茶增曲意，讓我們每每感嘆在中華民族傳統文化上，古人承傳於後人的無私、寬厚。

范 **您對人生的看法如何？**

武 人活幾十年，生命太短暫了，我學習茶藝後，生活變得更有樂趣。您說過茶藝可以使生活更美好，生命更美麗。茶藝給人以精神的慰藉，心靈的滌蕩。唐代劉貞亮曾總結過茶的「十德」，「以茶嚐滋味、以茶養身體、以茶驅睡

氣、以茶散鬱氣、以茶養生氣、以茶除病氣、以茶利禮仁、以茶表敬意、以茶可雅心、以茶可行道」。這「十德」中，後「四德」是精神性的，這其中的禮仁、敬意、行道與中國的國教——儒教，在思想上是吻合的。所以品茶之人，品德更為重要，品茶一旦上升到了與人格節操相對應的高度，就是人品與茶品的自然和一，也就達到了茶藝給人以美的享受，它的美表現在——人美、茶美、水美、器美、境美、藝美，茶藝的最高境界，生命從此美麗。這「六美」合一，使茶藝達到完美境界，使生活更美好。作為一個愛茶人，會讓中國茶藝的「十德、六美」鞭策、陪伴著我品味「茶味人生」。

劉毅敏

陶醉在綠茶的清香林裡

——談喝茶、愛茶到開茶藝館

劉毅敏小姐，1967年出生於安徽省六安市。2000年到北京創業，隨後籌備開設「清香林」茶藝館。目前，她經營一家裝飾公司和清香林茶藝館。上午在裝飾公司上班，下午就到茶館管理。擔任茶館副總經理的劉毅敏小姐說，她從不覺累，因為每天生活中有綠茶，能夠帶給她內心一種平靜的幸福，偶有煩悶，泡一杯綠茶，滾燙的清水沖進去，捲縮的葉子瞬間滋潤，並且慢慢飽滿，每一片茶葉都好像在水中跳舞，綻放成綠色的花朵狀，放出清香。

當心情愉快，開心的時候，就選擇烏龍茶來分享快樂，在舒緩的音樂相伴下，幸福就在其中。劉毅敏小姐說，幸福就像一杯綠茶，我就是在清水中舞蹈，並且綻放自己完全香氣的一片葉子，是最幸福的葉子。她說，人人都可以過神仙般的日子，只要知道自己內心想要什麼。

（2003年4月20日晚，北京翠微路清香林茶藝館）

＊　＊　＊　＊　＊

范 **請問您當初爲什麼會想到開茶藝館？**

劉 因為我是安徽人，父親是部隊的軍人，我們從小就隨父親的工作移動而居住在各地，我們東北瀋陽也待過，河南鄭州也住過。父親無論到哪裡，都不忘安徽的六安茶，常請人託帶家鄉的茶來，也養成了我們對六安家鄉茶的深厚感情。因此，我們也愛喝茶，我們的住家雖常改變，但是，唯一不變的是喝茶，以前是喝綠茶，因為我們六安產的綠茶很有名。我到北京來之後，就想把安徽的茶推廣到北京來。

前兩年，偶爾到茶藝館去坐坐，感覺氣氛不錯，以前也偶爾喝咖啡，但總感覺咖啡是舶來的文化，是外國的，不是屬於中國傳統的文化。因為到茶藝館以後，有這種感覺，當時也有了想開店的念頭，剛好朋友覺得這個店面不錯，就把它租下來了，感覺挺好的，就乾脆開茶藝館吧，就這樣就開了。

但我開茶藝館以後，還是主推我們安徽的茶，似乎有點商業的炒作，總覺得喝了這麼多年的茶，也許是習慣吧，還是家鄉的茶好，喜歡綠茶。開始的時候，也是什麼都不懂，慢慢學，感覺是越來越有興趣，所以昨天聽您的課，非常想拜您為師，想做您的弟子。

范 **那麼您開了「清香林」之後，一年來有什麼感想、有什麼甘苦呢？**

劉 甘、苦都有。剛開始的時候，這麼大的面積，一天就這麼幾個客人，真有點著急，但是，慢慢的，也因為有點愛這個茶，愛這個環境，慢慢也就愛上了這個茶館，後來也就不著急了！反正每天有煩惱也好、不順心的事也好，往這個茶館一坐，我的心情又不一樣了！我本身還有其他的事業，基本上，我每天下午都在這邊，上午在別的地方上班，處理其他的事，一處理完別的事我就到這裡來了，我跟別人說，這個茶樓就好像自己的孩子似的，怎麼看怎麼好，怎麼看怎麼舒服。

范 **您原來是學什麼的？在哪裡學的？**

劉 我原本是學經濟管理的，以前在銀行工作，是在安徽的銀行學校讀的，學的是金融。

范 **您到北京來的時候是從事哪方面的工作？**

劉 我當時來的時候，是開了一家裝飾公司，是室內裝潢，這個茶樓是屬於裝飾公司的分支機構。我們公司主營是設計、施工，這個茶樓也是我們自己設計施工的。

范 **聽說您是和您的妹妹一起經營這個店？**

劉 是的，妹妹是做總經理，我是做副總經理。我是協助她工作，因為我過去學過財務管理嘛，所以做比較細緻方面的工作。

范 **您將來有什麼計劃？**

劉 我是想過，我要把它越做越大，計劃在下半年再開一個分店，等自己多吸收了一點這方面的經驗之後，盡量把自己融入這個茶藝的行業裡，盡快入門。

范 **當時投入這個店的資金是多少？**

劉 當時投入了100多萬元將近200萬元吧，房子是租的，簽的合約是四年，按目前的發展，四年肯定不夠。

范 **您對這個茶館的設計裝飾有什麼評價？這是您自己的作品嘛。**

劉 當時對這附近的環境也不是太了解，對整體的裝修覺得文化氛圍還不是太柔，但目前已經定格了，較不容易修改了，現在如果再開分店的話，再按自己的理想裝修一個文化氣息比較濃，更能體現我們中國傳統茶文化的茶樓。因為剛開始的時候，還是想以經營為主，總是考慮到效益，現在做久了嘛，這種觀念又慢慢淡化了。

范 **您對六安茶那麼賣力的推廣，六安市政府對您有補助嗎？**

劉 沒有。不過，安徽那邊有來人，基本上都會過來，包括政府的，還有駐京辦事處的，這些朋友基本上都很照顧我，來的人挺多的，我能替家鄉做點事，也是應該的。

范 **令尊現在還在職嗎？他的關係是否有幫助您？**

劉 已經退休了，他現在在老家呢，部隊退伍後回到老家去，關係還有，但在老家安徽，離這裡太遠，幫不了多少。

范 **您的家庭狀況是否談一談，您如何兼顧家庭和事業？**

劉 我有一個男孩，11 歲了，在北京請一個小保姆幫忙照顧，孩子很獨立，我還能兩方面兼顧。

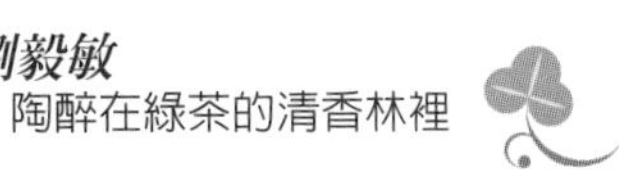

范 **您這裡的客人中，台灣客人多嗎？這裡有賣台灣的茶葉嗎？全國台聯就在萬壽路，離您這很近呢。**

劉 是嗎？我這裡台灣客人來得很少，我有賣台灣的茶，主要是烏龍茶，客人點烏龍茶時一般是點台灣的烏龍茶比較多。

范 **很高興今天能夠到「清香林」來，記得去年（2002年）我曾經答應要來，但是由於時間的安排，沒有辦法撥出空檔，畢竟還是來了，不怕沒空，只要有緣，終究會來的。**

有機會和來自安徽六安的茶人較深入的談談，一直是我放在心上的事，我對安徽有很深厚的感情，因爲我敬重的茶學導師陳椽教授，幾十年都在安徽農業大學，1991年我曾前往安徽農業大學拜會陳椽教授，他曾提到六安地區較貧困，茶業的發展較緩慢，我還曾說有機會到六安去看看，陳教授還很高興的說到六安去他可以協助我。

2000年，我再訪農大，並受聘爲安徽農業大學的客座教授，我也向王鎮恆教授提到這件事，王教授也告訴我，如果要去六安，他可以陪我去，眞是感激安徽的茶人呀！而今，您也是來自六安，讓我下定決心，一定要安排出時間，到六安、到金寨去看一看。

趙忠武

東北第一茶莊經理
——談中華老字號中和福的興起

趙忠武先生是遼寧省瀋陽市中和福茶莊經理，雖然因年紀關係已經退休了，但是，趙先生仍然發揮退而不休的精神，每年東奔西跑，不比沒有退休時輕鬆，甚至活動範圍更大更廣，全國各地的茶文化活動都可以看到趙先生的身影，的確讓人看到做為一位老茶人的可敬、可佩的地方。

認識趙忠武先生是在 1997 年，在北京展覽館所舉辦的「國際茶文化研討會」活動中，往後的時間裡，我們維持著聯繫，他也幾次邀我到東北去看看，2002 年冬我即前往瀋陽市進行兩場的茶文化交流，又順利到大連進行一場茶文化交流，2003 年 11 月，我們又在海南的海口市「茶業論壇會」上見面，我們更深入的交流了有關茶文化的觀點，並決定採訪他，但由於海南的會議緊湊，俟會議結束後，我再以書信的方式邀約了趙忠武先生，以下是趙忠武先生的採訪內容。

*　　*　　*　　*　　*

范　請問趙先生，您是如何走入茶藝這一行的？您在瀋陽的中和福工作了很長的時間，其中的經歷必定多采多姿，有甘有苦，可否請您談談。

趙　我是 1961 年，從瀋陽第四中學高中畢業後，就被分配到瀋陽糖酒公司第三商店當一名賣茶的店員。當時，中和福是瀋陽唯一一家百年老店，始建於清光緒八年（即 1882 年），當時業主是關樹權，他出資聘請山東客商趙俊清，在盛京繁華商埠中街地區開辦了中和福，從那時這塊金字招牌一直延續至今。

據說，中和福南方有自己的茶園，每年都由自己的茶師，把採回來的茶在南方茶園進行焙炒、篩選、加工，然後運回瀋陽，再進行拼配，精製，最後形成自己獨家的紅、綠、花、素四大茶類，幾十個品種。有關資料記載：20年代末，張大帥府曾把中和福的茶葉做為「大帥府」達官貴人用茶的首選，除滿足當時瀋陽人用茶外，曾一度遠銷越南、蒙古和俄羅斯等國，總之，無論是中和福的高品味香片，還是價格低位的精茶，當時都受到茶客的喜歡，生意十分興隆。

隨著中和福的歷史發展，我從參加工作那天起，就愛上了茶葉這一行。我正式當中和福的經理是1980年。當時雖然賣過幾十年的茶葉，但由於中國當時的計劃經濟，像我們這樣的市屬茶店，是接觸不到南方生產廠家的，當然對茶葉各方面的了解很不夠，1984年茶葉開放後，我才去太湖島，攀上洞庭東西山，登上了黃山高峰，踏上西湖畔，來到福建安溪，武夷山腳下……，為了了解掌握茶葉這門古老而又年輕並有中國特色的學科，我為了茶葉事業幾乎踏遍了祖國大好河山的名茶主要產地，和先輩老茶師請教，去杭州茶葉研究院學習茶葉理論知識。這二、三十年的努力，有甘又有苦，使我一心愛上了茶葉這一行，最終成為一名國家商業部認可的茶葉工程師。

東北茶葉的歷史發展如何？請您介紹一下。

趙 據我所知，東北三省（指黑龍江、吉林、遼寧）應該是不產茶的省份，但卻是全國茶葉的主要銷區之一。東北人自古以來習慣飲用的是茉莉花茶，但個別地區、不同民族，像內蒙一帶，遼寧的法庫康平一帶，吉林的西部，主要以飲用紅茶為主。東北又是一個多民族的地區，回民佔的比例也不少，他們主要以飲用花茶為主。至於東北地區茶葉的發展，主要透過那些茶葉老店的經營開拓，使東北的茶葉銷量在逐年的增加，銷量最多的當屬遼寧，有瀋陽百年老店的中和福，大連老字號芬芳茶莊，撫順鴻興泰茶莊等等，其次是吉林長春的東發和老字號……。近幾年來，東北人在非茶的研製過程中，成功製造了北芪神茶、玫瑰花茶、野生山參鮮葉茶等等。

范 **請您就改革開放之前和之後茶莊經營的狀況，說說其中的變化。**

趙 茶葉做為國寶，是我們中華民族文化寶庫中一顆璀璨的明珠，已經歷了上下五千年的悠久歷史，自古以來，都是由國家統一管理、調配，這就是改革以前計劃經濟給茶葉發展帶來的不利因素，那時，全國的茶葉由商業部把產區生產的茶葉調撥到各個省茶葉公司，由省茶葉公司再往下分配給各市屬茶葉百年的老店，無法把茶葉品種多樣化，有什麼賣什麼，無貨也實在沒辦法……。改革開放後，從 1984 年國家把茶葉當副產品開放後，茶葉市場發生了翻天覆地變化，像我們這樣市屬茶莊可以直接和南方生產廠家打交道，可以直接進貨，把品種質量銷售搞活，就中和福而言，在改革前，以至建國後，中和福每年的銷售額在 20 至 40 萬上下，品種只有二、三十種，可自從改革開放後，中和福的年銷售額逐年上升，從 1984 年的銷售額為 45 萬元，到 2000 年上升到 300 多萬元。由於市場變化，茶葉批發市場的建立對零售有些影響，但中和福年銷售額也保持在 200 萬以上，是瀋陽、遼寧，乃至東北三省銷售額最多的一家，被譽為東北第一茶莊。

范 **近年來全國各地興起舉辦茶文化節、茶葉節或其他類似的茶活動，您對此有何看法？**

趙 自從 90 年初，國內茶文化主要受台灣茶文化傳播影響，興辦茶樓、茶坊、茶藝館已成時尚，如雨後春筍在各地興起，隨之而來的就是茶文化節、茶葉節和各種茶的活動，幾乎是月月有、季季有、年年有，真是讓人眼花撩亂。從宏觀上說，辦茶文化節宣傳普及祖國的傳統茶文化是件大好事，也是國民渴望的。可根據近幾年來各地辦茶文化節、茶葉節或其他類似的有關茶活動之多，大家普遍以為這樣弘揚、宣傳普及的茶文化節、茶葉節和其他類似的活動，應該如何再辦下去，怎樣辦，辦成什麼樣內容，形勢，這在當前乃至今後是最關鍵的一個課題。以我個人的看法：目前國內各地辦的所謂茶文化節、茶葉節和其他相關類似的有關茶活動，幾乎是搞搞茶藝表演、名茶評比當場拍賣、茶葉博覽和各種促銷活動等等模式，失去了宣傳、普及茶文化的內涵等

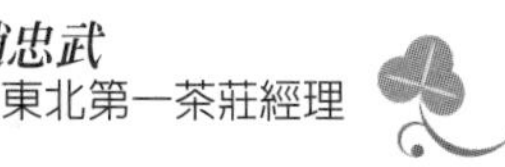

等活動，這些都需要今後改進，值得大家探討。

范 茶藝館在瀋陽以及整個東北的的現況如何，請您談一談？

趙 茶藝館在東北興起受到南方影響，瀋陽最早的茶藝館是由市糖酒公司在1992年辦的瀋陽第一家「瀋陽茶藝館」，它的出現影響了瀋陽茶藝館的興起。在瀋陽先後出現的茶藝館有「盛京茶苑」、「關東茶苑」，直至1996年「和靜園茶樓」的成立，才打開了瀋陽乃至東北地區辦茶藝館的風潮。不僅在瀋陽、大連、鞍山、撫順，還影響到吉林、長春、哈爾濱、大慶等城市，據我所知，東北三省茶藝館發展至今，近千家有餘。應該說：茶藝館之多，規模之大，檔次之高，就在全國也是獨一無二，是別具一格的東北特點。到目前為止，從東北地區各個茶藝館的經營情況來看，總體是好的，都以茶文化為內涵，廣泛宣傳普及茶文化，給東北地區茶文化的普及提高帶來了生機和活力。但根據市場經濟的發展和其他因素的影響，有些個別茶藝館，茶文化內涵不高，在茶藝館內出現下棋、打牌等情況，嚴重的還有賭博現象發生。從另一方面看，茶藝館的茶藝師素質普遍不高，根據國家勞動社會保障部規定，茶藝師都要經過培訓後持證上崗，但大多數茶藝館的茶藝師至今還沒有經過正式的培訓，得到初中高級的證書，這些問題普遍的存在，有待於今後各方努力去解決。

蔣　勇

滿族茶文化的拓荒者
——談人生、經歷和理想

蔣勇先生原籍北京，父親時代到東北。蔣勇出生於遼寧省撫順，我們認識了6、7年，也一直都牽念著彼此，2003年11月15日，在海南島召開的「21世紀茶文化論壇」上，我們又見面了，11月18日，在海南的三亞，因颱風關係大家都留在酒店，我們一面泡著台灣帶來的東方美人茶，一面採訪了蔣勇先生，對於人生、經歷、理想，他侃侃而談，內容很豐富，涉及面很廣，其中許多很值得大家參考和省思的地方，畢竟在滿族茶文化的領域裡，研究和實踐的人比較少，蔣勇先生是走在前端的人。

*　*　*　*　*

范 **請問您是如何走入茶這一行的？**

蔣 我原來是學管理的，做茶之前在當地茶葉公司當經理，1987年做茶葉貿易，當時大陸還沒有茶文化這個名詞，只是做茶的生意，我在做茶的時候，正是我們過去計劃經濟轉變為市場經濟的時期，做茶的很少，喝茶的人口也少，也就是這個時候開始接觸茶。

1987年以前本地沒有專業茶莊，所謂專業茶莊是指專門銷售茶葉的，因為文化大革命時期，喝茶被認為是資產階級的生活方式，所以沒有專業賣茶的，因為沒有幾個人喝。1987年以後，我們是第一家專業茶莊，當時我是管理這個部門，所以往外地跑的機會多一點，回來我就根據我的想像，幫他們建立一個小茶莊，大概有30多平方米，那時候一開茶莊以後，因為原來沒有專業賣茶的嘛，有一個專業的茶莊，生意特別好，一年的銷售額180萬，在那個年代來講，是相當不容易的。

振興茶莊，是取振興中華的意思，為什麼取這個名字呢，當時僱了一位老人，他在解放前開過一個鴻興泰茶莊，但是當時人們對這個老字號還不認同，認為這是個老牌子，解放以前的，我們現在要振興中華，振興茶莊。所以沒用老字號，當時想像就是用鴻興泰這個原形、這個模式去做，當茶莊開了以後呢？1989年這個茶莊在我們市內是做得比較好的，我們公司就把我調上去，擔任總經理，管全市的糖茶。當時糖、茶是一個計劃經濟，一半開放可以自由經營，到了1990年的時候，整個茶葉全面開放了，我也當糖酒公司的副總經理兼市茶葉公司的經理，生意也算不錯。到了1993年的時候，茶葉市場比較亂了，我也因工作關係調到政府部門，調到上面以後呢？我即感覺應該把這個老字號恢復起來，於是在1996年開了一家「鴻興泰」，又開了分號，開了第一個之後呢？又想到能不能像南方一樣，做個茶道茶藝呢？當時我在東北開的第一家茶藝館，是賠錢的。

范 **那時的茶藝館叫什麼名字呢？**

蔣 叫「清茶館」，清靜、清水的清。那時的考慮呢，還不能叫茶藝館，房子一半是賣茶葉的，一半用來做茶座。當時一碗茶5塊錢，都沒人喝，賠錢，我靠做其他生意來補

這塊，當時我也不懂茶藝。後來，受最大的影響是我到香港去參加活動，我們見面了，這個給我的觸動是很大的，我就感覺到茶文化應該是專業的人去做的，我看咱們海內外，國內外，特別是接觸了您們這些，比如范先生您，陳文華、姜堉發等等，給我的影響非常非常的大，我回來以後就在想，我怎麼來做茶，我是學管理的，我經常參加像清華大學研究生的一些培訓。但是對茶文化我還不是很熟，我就想到撫順，是我們滿族的發祥地，是清皇朝的發祥地。我就在想，如何能把茶定位在我們本土的特點上，我跟政府協商了以後，我們就在國內創辦了一個「滿族茶文化研究會」，有了一個研究會以後，就可以跟一些人交流了，我就可以和一些人探討滿族茶文化了。從那時候開始，那是1999年，我就拜訪了很多人，很多人都提一個問題，他們認為滿族哪有茶文化，茶文化是中原的。我也有我的看法，因為畢竟我做茶這麼多年，任何一個民族都有它的飲茶習俗，我們滿族是一個弱小的民族，從山區裡面走出來，能夠統治全中國260幾年，能夠統治這麼長的時間，一定有他統治的道理，我經常和一些滿族老人啊，和懂得滿文的人啊，或到故宮去查了一些資料。現在基本上，關於滿族的茶文化和飲茶習俗，我得給一個定位，我給的定位是咱們國內包括在報紙上曾經發表的，我提了一個概念，第一，我把滿族分為民間的一部分，民間滿族的飲茶習俗，滿族離茶產區非常遠，他們在歡迎客人的時候，或者自己日常生活上，怎樣消除食物的油膩？像是牛肉啊、羊肉啊，他們用米來炒一些花，加各種的花或植物，包括人參葉等，以助消化。撫順有一個馬市，主要是明朝時跟中原用馬來換取茶葉和鹽、布的。滿族的貴族，是把米炒香了，之後加一些精品的花來適合他的口味，更高貴的，就用南方的茶，特別是加綠茶上去。滿族的部分王公貴族，尤其是管財政的，他認為用馬來換茶是很大的的奢侈，所以當時是一些地位高的貴族才能夠喝到綠茶。滿族入關以後是為清朝，是統治王朝，滿族人特別講禮，像格格啊，禮數特別多，在中華民族裡，滿族的禮是最大、最重的，所以，我把這一部分定為清宮茶禮，他特別隆重，特別繁瑣，無論是選擇器具，像是官窯、金銀器、玉器等，在飲茶的過程中，還需要經過很多程序，我們分為滿族茶俗和清宮茶禮，在民間叫滿族茶俗，在宮廷叫宮廷茶禮。而且滿族信奉薩滿教，薩滿教有祭祖的，祭品有豬、羊等，其中也有茶事，他們有敬茶，當然是很小的一部分，除了恭奉父母之外，像北京的天壇、地壇在祭典的時候都有茶事，當然也是很小的一部分。在康熙五次東巡以後回鄉祭祖，走到張裕民的一間茶樓，登上茶樓以後，在祭祖的時候特別祈求祖宗一統天下，統一中華，統一台灣，康熙和太皇、太后，給題了「鴻興泰」，指鴻運昌隆，興旺發達，泰和永聚，就是我們的「鴻興泰」這塊牌子。康熙在撫順題了不少字，我們在研究滿族茶文化，有了那麼多文化背景，就感覺不是很孤單了，不是很單薄了，有了深厚的基礎。現在的問題是我們在北方

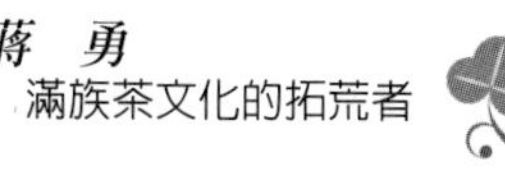

推廣茶文化，是下了很大的力量的，付出很多的，但收穫不是很大。自古以來，有「北人不喝茶」的說法，就是說北方人不認識茶，不認識茶，怎麼能會喝好茶呢？您給他一杯好茶，他怎麼能欣賞這杯好茶呢！所以，這是一個大的問題，有待於我們茶文化的推廣。我們自恢復滿族茶文化以來，我們在東北首先成立「滿族茶道藝術學校」，不單教茶藝，還教形體訓練，禮儀，茶禮儀，包括舞蹈，我們有健美室，在做茶道的同時還必須培養她們的氣質，有良好的氣質和茶，才能天人合一。我們現在在很多地方，可能對茶研究得很深，但對人的形體、氣質要慢慢培養，對茶藝師的設計，這位茶藝師是怎樣的形象，也是一個課題，我們正在探索，我們這個學校開辦四年以來，在東北影響是比較大的，每天來要學生的絡繹不絕，我們沒有那麼多學生來源，一方面有許多人進不來，一方面我們的學生不夠分配。這個學校自創辦以來，已經有300多個學生，因為他們不願到南方，所以都在東北這個地方，可以說他們對茶文化的普及和推廣是影響很大的。由於多年的積累，我們這個品牌在東北地方有了比較好的聲譽，這期茶週刊整版介紹我們鴻興泰，其中一小段介紹我，我們要把這個品牌，把「鴻興泰」三個字打得更響，這是康熙皇帝賜的號。

還有怎麼來拓展連鎖店？我是搞經營管理的，特許經營，加盟連鎖是將來經營市場的一個模式，像麥當勞、肯德基等。首先在連鎖店上有它必備的條件，第一，它必須是一個好的品牌，這是連鎖店的主要訴求，如果一個連鎖店沒有文化背景做基礎，這個連鎖店，不可能有發展的空間的。第二，這個企業必須要有一個文化，例如康熙賜號「鴻興泰」，這個歷史不能隨便說的，社會能不能認可，有關部門會加以管理，那麼有了一個好的品牌，加上一個文化做背景，還要看這個企業能不能維持，內部的管理模式如何整合。一個夫妻共同經營的店不可能搞好連鎖店，必須是公司營運式。管理模式有了，裝修設計，文化背景，品牌有了，那就可以推廣，現在我們主要圍繞著這些問題來探討。我們搞自營店和連鎖店算是專家了，目前有六個部門，七個分支，外面的人怎麼能和我們合作，事實上證明，現在有不少人來找我們，談合作的事。但是，還沒有找到結合點，為什麼呢？我們雖然有一個很好的品牌，但是企業裡面的管理規章、制度、營運模式，都是很嚴謹的東西，我們已經找了很多人來研究這件事，如果連鎖店能夠推廣出去，這個品牌應該是非常好的。最近報紙登了一則消息說，鴻興泰是我們的，也是世界的。我跟他們開玩笑說，如果我有幾千萬、上億，我會在全國各地做這個品牌，前幾天，北京有一個國際融資會，我沒有去參加，原因是我們家裡還有一些事沒有做完。當時大家來討論我們這個品牌「鴻興泰」，能值多少錢，我喊了五千萬，大家很高興，所以我正在找融資對象來合作，大家把這個品牌做起來。現在的企業是一個合作的企業，現在的社會也是合作的社會。因此，現在我的工作重點

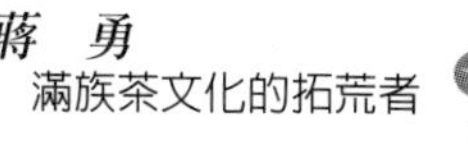

不在自營店上，而在發展和別人合作這一方面，說探討也好、探索也好、整合也好。

范　您經營茶業這麼多年，有沒有遇到瓶頸的時候，有沒有感到低潮的時候？

蔣　有的，過去我常講，成功的人是人人相似的，失敗的人則各有不同。為什麼呢？因為過去我在部隊的時候，我看《安娜．卡列尼娜》這部書，開場就說，幸福的家庭都是相似的，不幸的家庭各有各的不幸。為什麼我說成功的人是相似的，因為我們所認為成功的人，必有他艱辛的過程，有很多苦、很多難的地方，這種經歷是大家看不到的，大家只是看到他成功的一面，他真了不得，他很厲害。那失敗的人呢，可能有各種原因，有的可能是自己的意識問題，有的是遇到了麻煩，有的是遇了風風雨雨，各種因素都有。我也是一樣，也走過彎路，至於茶業嘛，包括我這一次來參加這個活動，我感覺茶人是挺悲哀的，我為什麼這麼說呢？因為一個茶的會，大家認為茶的會應該是很好的會，全國的茶人都跑到海南來開會。但，我認為這個會規模太小了，我認為這一部分不但要求要有文化的人在前面吶喊，其中還要求要有大量的有實力的企業家在裡面，因為企業家是社會財富的製造者，必須在文化背景之後推廣企業，包裝企業，為那些優秀的企業做後盾，做他們的後台，幫助他們來推廣。您說我們全國有多少可以塑造的品牌？有多少有前景的行業？有沒有人在他們互相之間做媒介，做聯繫，做推手，就像你看有人搞科研的，有很好的想法卻做不了，很可惜，誰來幫他，所以，一個茶的全國會議，規模都不很大，這就說明茶這個行業在這個社會的地位是很低的，那麼，為什麼大家又願意去做茶這個行業呢？因為茶是文化，有一些文化企業家，一些有素質的企業家，他不願意放棄這個行業，在那裡進行拚搏啊！進行弘揚！我為什麼要做這一行呢？是因為做這一行那麼久了，有了感情，捨不得放棄。我曾經做鋼材的生意，做幾筆就幾百萬、幾千萬沒問題，但是我就是不願意做，給我當總經理我都不幹，我就是願意做茶，大家都不理解，說你為什麼要做茶呢？我們當地很多人都說，最佩服我的一點就是，一說到茶眼睛就冒火了，執著！可能不只是我，我看很多搞茶的人也是這樣，也是這種心態。我過去曾調離開茶這一行，如果不是有感情的話，早就放棄了。因為隨著工作變動，自然離開這一行。當時我出來之後，繼續做這個行業，大家說法很多，自己的壓力也很大。好在當時的政府每年搞一個「滿族風情遊」的國際旅遊節，是為了讓我們當地的旅遊資源充分的發揮經濟作用。2001 年的時候，我們市長找到我，讓我舉辦了「滿族風情遊茶文化展示表演」，當時我請了張大為、陳文華去了，請他們演了一齣戲，可以說東北茶藝界第一個參與政府舉辦的活動的，就是我了，大家一開始做的時候很好，政府也很支持，但是，後來沒有錢了。第一次搞完之後，當地人也不是很接受，說，怎麼搞那玩意呢？要錢沒有，要支持的人也很少，人們還不理解。

2001 年，不管怎樣，咬著牙，還是把活動搞完成了，經過這次活動，我們企業可以說轉向好的方面去了。第二年，「中國瀋陽旅遊週」找到我們，我們在瀋陽故宮門前搭了一個將近 10 米的台，演了三天。2003 年更接待了一些名人到撫順來，現在企業可算是走出來了，生存是沒有問題了，知名度也沒有問題了，所面臨的是發展的問題，是怎麼樣能發展、推廣的問題。

一路走來，坎坎坷坷，也遇到了方方面面的問題，有時候也有很多的想法，好在行就行了，既然選上這個行業就繼續做吧。記得我們當時的宣傳部長見到我們，給我們的鼓勵是很大的。他講，撫順出了一個王楠（乒乓球世界冠軍），能不能再出一個蔣勇，我希望你從事文化的，搞企業也有經驗，希望能把這個企業帶出去。所以，我想在我們本地，先把這個企業的品牌搞好，另外再推廣，那麼前景是無量的。

范 **平時您遇到困難的時候，情緒低落的時候，是怎麼樣來克服的？**

蔣 因為我這個人的性格是雙重的，第一，我是當過兵的人，是受過職業訓練的，懂得一些忍耐和服從。在困難比較大的時候，我習慣一個人去出趟門，或靜靜的喝杯茶，把自己封閉起來。現在還有人說，按照我的實力和能力，我應該天天晚上有應酬的。但是，我從來不應酬，也不抽煙、喝酒，我也沒必要說某個人打個電話過來，叫我去吃頓飯，我就過去，我認為沒有這個必要。那麼，遇到各種各樣的問題的時候，我就用「靜」的方式來解決，渡過這一段所謂比較痛苦、艱難的時間，第二天起床，用我的話說，每天都有一個新的太陽升起，每天都有一個新希望，無所謂的，畢竟是男人嘛，我認為困難、痛苦只是一時，需要一個心理上的整合，通過自己心理上的整合之後，這些困難也就煙消雲散了。而且，我這個人心也較粗，什麼事情也看得開，過去就過去了，不可能再回來。我是比較喜愛傳統文化的，我認為不可能在同一時間內渡過同一條河，不管怎麼講，它都是歷史了，有些東西是沒有辦法回來的。

范 **您當兵多久？是哪一種兵？**

蔣 當兵三年，我高二的時候沒有去考大學，想自己到外面去闖一闖，沒想到當了兵，一闖就闖到了一個非常小的小島上，我常想，我搞茶跟我在島上的性格有關，當時我在那個島上，沒有人，朝觀日出，夕觀日落，天天看著日出日落，不能再看了，我就在島上看書，一天忍受著那種孤獨和寂寞，天天必須在那當兵，得站住那個崗，當時我記得，我不太喜歡看日出，因為日出，我開玩笑說，天天好像從那個褲襠裡出來，我特別願意看日落，因為日落那種感覺，如果您在海邊細細的觀察，那種生命，日頭向下降的時候，海水根據它的光折度發出不同的顏色，可能有十幾種二十幾種特別漂亮，特別是日頭眼看就要往海裡沉的時候，您就感覺人的那種生命力，求生的那種欲望，特別特別強，當太陽剛剛

降入海裡的時候，馬上天空一片黑暗，這種感覺確實讓人感受到生命的那種希望、那種生活、那種想法。所以一到傍晚我就特別跑到西方去看日落，當時也寫了不少詩，寫大海、寫藍天、寫落日。

我當時是擔任偵察兵，在黃海的一個小島上，那時候才十八歲，我忍受了孤獨，我這個人喜歡靜，跟那個時候的磨練應該是有關係的。所以，我有時候遇到事情需要想想的時候，即使是大的問題，總喜歡自己喝杯茶或在房間裡來回的踱步，走來走去，也許走一兩個小時，一些問題就想通了，自己來解決。

范 **您對人生的價值有什麼看法？**

蔣 人生的價值，實質上，一個人應該享受生活，我認為它是屬於我應該享受的，有質量的生活，我就應該享受它。我今年 42 歲了，我的人生，我對自己的定位，過去在國營企業工作，現在自己出來做事情，我自己在想，50 歲之前應該是我能力的黃金時期，不要浪費我自己的一點點智慧，如果把我做一個比喻的話，過去是積累的時期，現在是爆發的時期。一個人來到這個世界上是不容易的，他為什麼不做他應該做的事呢？為什麼不把他黃金的時間貢獻給社會呢？ 50 歲以後，如果我沒有成功，我就要很悠閒的玩、旅遊，到各地去走一走，遊山玩水。我喜歡旅遊，過自由自在的生活，這是我的人生計劃和安排。

范　您平常除了茶，還寫寫詩、寫寫文章，現在還這麼做嗎？

蔣　現在還這麼做，寫文章還是要寫，現在我辦報，在我們北方，能夠寫茶文章的很少，茶都不明白，怎麼還能寫茶文章？再會寫文章的人，在我們北方，一提到茶文化他就不會寫了。我經常和我們撫順日報的社長說，我們報社應該有專業記者，應該要有茶文化記者，任何行業都應該有專業記者，北方特別缺少茶文化的人，如果連茶都沒看到，茶怎麼出來都不知道，怎麼寫茶文化呢？逼得沒辦法，再忙的時間我也要拿出來寫，即使記者寫的文章，我也得給他們修改一番。

記得我們撫順日報發表了一篇文章，叫做「馬屁茶」，說龍井茶是馬屁茶，報社派了幾個人到龍井地區去，問了個賣龍井茶的人，他說龍井茶不好，說龍井茶是拍馬屁用的，是給什麼領導人，專拍馬屁用的。報社記者不明白茶啊，就在報紙上登了一塊，這個消息很不好，我就拿了這個報給社長，我說您怎麼不懂茶啊，如果給南方人看到您這麼說，要投訴您這個報呢，社長說，唉！他們不懂。不能單單聽一個賣茶的或一個農民說，隨便講茶文化，您就在報章上發表出來。龍井茶是國茶，是禮品茶，它有很多輝煌的歷史，就像一個人他有很完美的地方，您不能找一點小缺點就誇大其詞的在報上登，我說我是搞茶的，我不能不跟您說這個。

所以，我們在北方搞茶文化是很艱辛的，您看，撫順的第一個茶莊是我開辦的，我們東北第一個私人的茶業公司是

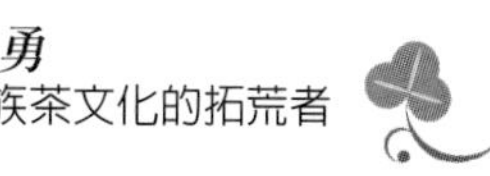

我率先成立的，東北第一家清茶館是我開設的，第一所茶藝學校是我來做，即「撫順滿族茶道藝術學校」，我們在撫順搞了很多第一，另外像跟政府搭台唱戲的，和瀋陽合搞綠茶節，在東北搞空運龍井鮮葉到現場炒，都是我們第一個搞的活動，東北歷史上從來沒人做過，也不懂龍井茶是怎麼炒的，怎麼加工，我們各個店都搞，這對我們本地的茶文化普及可以說起了很大作用。

范 **您的未來人生有什麼計劃，除了搞茶、寫文章，您還有什麼嗜好？**

蔣 我的目標是做一個企業家，在1980年代的時候，有位記者在撫順採訪我，說我是「茶道名師」，專門訪問我，談我的一些思維、看法。我是很喜歡做企業家，一個實業家。因為我認為，社會財富是由企業家來創造的。現代企業家很多，但是我認為一個有素質的、有文化的，才是所謂的「儒商」，當時報紙寫我是「儒商」，我說不行，您不要這樣稱呼我，我說我認為還是「商儒」比較好。我把它反過來，一個是我不敢標榜，我是挺喜歡文化的，而且是作家協會的理事，也是搞文化的，事實上稱我為「儒商」也是沒錯的，因為我也算是個作家嘛，搞企業也可以，但是我認為呢，首先我是個商人，是個企業家，或者說目標是如何來做一個優秀的企業家；第二，我是個文化人，我認為不應該一開始就把我標榜成是做文化、不做企業的，我認為應該企業與文化相結合。就像一個人物質和精神都要有，這樣才能稱做一個完人。在我身體力所能及的時候，我一定要做一個非常優秀的企業家。到我身體不行了，年紀大了，我會做一個非常悠哉的作家，或整理自己的東西，這樣的人生也活得比較充實一點。

范 **現在大家說茶人，中華茶人，您認爲怎麼樣才能算一個茶人？**

蔣 首先應該分個類的。搞茶葉生產的，種茶的，愛茶的人，也應該說是茶人，對茶應該是非常執著的，但愛茶的人有沒有能力來弘揚，有沒有文化、素質，比如我是一個種茶的，我很喜歡茶，也算是一個茶人。做茶的人，他的技術非常好，也算是茶人。我是一個能推廣茶文化的，也是茶人。

我認為一個茶人，首先他必須愛茶，第二，他要愛人，他應該有仁愛之心，他知道人和人互相之間要有愛心。我也接觸到一些很有名氣的，所謂德高望重的人，可是他在愛人上，在對人的方面，好像缺少了一些，他非常的自我，不懂得尊重別人，像這樣的人也存在著一些問題。所以說「茶人」首先要愛茶，然後要愛人，這樣就是一個非常優秀的茶人，「茶人」這個定義呢，包容性要大一些。

范 **今天非常感謝您接受採訪，聽您一席話，有很多啓發，在東北推動茶文化，的確很多困難，很不容易，東北連茶樹都沒有，不知道茶是長什麼樣子，完全由文化的立場來推動產業，這個貢獻是很大的。**

蔣 我認為最感到欣慰的是，因為我是搞企業的，我鎖定的目標很好，我的定位在滿族茶這一部分，如果不是定位在這一部分，無論怎麼做都難成功的。我這個定位付出有所

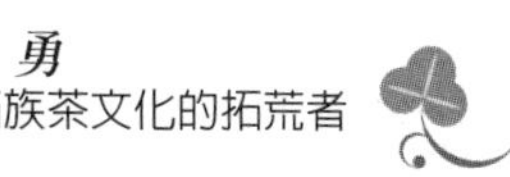

得，有所回報，在東北只要提到我，大多數人都知道，我有一個老字號，有一個學校，有滿族茶文化。一提到滿族茶文化，我是正宗的，在東北、在全國提到滿族茶文化，不敢說我怎麼樣，起碼我是第一面旗幟。這是我定位定得好。我還是很感謝韓國的姜埼發，他說我要搞茶文化，就搞滿族的茶文化，還有陳文華也一直給我鼓勵，包括您范老師，我一見到您，就像見到老朋友一樣，就感到非常親切，特別近，為什麼呢？我認為是我們對茶的感情，特別是我們茶這個圈裡的人很有感情。第二個呢，在我們這裡，大伙經常談到您，我們中國的茶藝，如果沒有您到大陸推廣的話，咱們不能說大陸就沒有茶藝，但是不會來得這麼猛，這麼快，您是功不可沒的。我們這些人呢，雖然趕上了，但是在做滿族茶文化的時候，雖然我們的茶樓，我們的格格的頭都是滿族的裝飾，非常正宗的，可是，在做茶道表演時，都是照台灣的模式，我在想如何有我們自己滿族的茶藝，在做表演的時候，還比較簡單，比如宮廷茶藝或其他蓋碗之類的。但是，在生活上，在茶藝館客人喝茶的時候，就沒法用得上，如果不照台灣的，客人馬上說，您這不對，這不是茶藝。我一直在想，我們做茶能不能用滿族一套茶藝來解決推廣上的困難，即使用蓋碗，還不是很周全，這是我天天在想的問題。

范 **再繼續探討吧，其實，茶藝如果成爲一門學問，一個藝術的話，它是沒有國界、沒有民族、沒有地域之分的。對於您爲了弘揚滿族茶文化所付出的心力，我非常敬佩，希望您再接再勵。**（2003年11月21日）

陳升河

有人情味的茶人

——談以茶為基礎創立企業

陳升河先生，廣東潮州人。後移居深圳。

陳升河先生以茶為生活，沐浴在茶的溫馨中；以茶為事業的基礎，建立不錯的經濟實力。這樣的人生可以說是很完美的，既有物質的條件又有精神文化的享受。是茶帶來智慧，是茶觸動潛力，讓陳升河董事長將人生的方向和目標訂得很清楚，過著順遂的生活。

認識董事長是在 1997 年，香港舉辦的一次茶藝活動上，我和陳先生碰面，當時他主動自我介紹，並懇切地邀請我到深圳去參觀訪問，看看那裡的茶文化概況，並且告訴我，他有經營酒店，食宿沒問題，我謝謝他的好意，但一直都未能成行。事隔七、八年，我們在海南省的海口市又再度碰面了，讓我想起了那麼多年前的記憶，陳先生依然熱情的邀請我去深圳，從這個小事情來看，我們就知道陳董事長是一位念舊、很富感情的人，這也就是茶人有人情味的表現，於是，我就抓住機會，在寶華飯店採訪了陳董事長。（2003 年 11 月 16 日）

*　　*　　*　　*　　*

范 **陳董事長，您的背景可以講一講嗎？**

陳 我祖籍在潮州，幾代都是，到我這一代才移居深圳。我高中畢業後，一些做生意的人就聊天說我做什麼行業比較好，一個老前輩就勸我說「你做茶葉比較好」，永遠不用退休，到了六十歲、七十歲都可以做。雖然我才二十多歲，但是我覺得很有道理啊，茶葉也是很好玩的，於是就開始練習做茶。我和很多人學過，比如原來汕頭有一個茶師，是廣東省第二名的，寫了很多書；還有其他一些比較有名的茶師，我都去學過，學過一段時間之後，就自己在家裡用木碳爐試做，自己用手加工，做了很長一段時間，才慢慢的走入這個茶業界。剛開始迷迷糊糊的，這樣一路摸索下來，也滿難做的。

范 **您當時自己做茶是怎樣賣呢，是開茶莊還是大盤批發？您的茶葉是自己生產還是去收購？**

陳 我從來沒有開茶莊，我就是做好了茶，自己包一包，當時是一包兩毛錢，我就賣一毛七，批給人家，我從開始就是做大盤的。我的茶葉是收購毛茶自己再加工、烘焙，這個我從二十歲學到現在了。

范 **那您的生意做到什麼時候最旺？**

陳 最旺應該是在1982~1985年期間，當時我在汕頭最出名，1986年，我就到深圳來，起步用了一年多、快兩年，後來一年一年慢慢好起來，到1990年時，我的茶在深圳市場佔有率已經到了60%，人家認同我的茶了，我的茶有我自己的風味，我的茶都比較清淡，都有個人特別的感覺，我把它分類，就好像食品一樣，把它分為酸的、甜的、苦的、辣的等，同樣檔次價格的茶，我的風味最多。

范 **那您做茶做了那麼多年，您的感想是什麼？**

陳 好玩啊，我在茶葉裡面發現很多東西，舉個例子，打麻將啊什麼的都沒有像自己玩茶葉那麼好玩，像我有時候去收購茶，去人家廠裡，人家都是從所有茶葉中選出一包，泡一泡來喝，我不用，我大概看一下，買回來後，我自己再處理一下，泡出來的就比他的好，人家就說，怎麼搞的啊阿，我的茶我都弄不好，你怎麼一弄就出來了？哈哈，因為習慣了吧，像茶葉的用火啊、拼配啊，從小就這樣一路做過來，隨便的茶葉，給你處理一下，感覺就來了嘛，我就非常滿意了。

范 您認爲茶葉這一行能不能單獨來經營，就是說一個人一輩子就是專門的從事這一行，比如一個年輕人或者是您的下一代，您鼓勵不鼓勵他來從事這個行業？

陳 怎麼說呢，我不是很鼓勵，為什麼呢，第一，非常辛苦，現在的年輕人受不了這個苦的。第二，像我們這一代即使受得了這個苦，可是，到頭來也賺不到什麼錢。從另一方面講，感覺上做茶葉的人的環境，比較單純，都沒有很壞的人，大家在一起很開心，從這一點我就會贊成。但是，要說在這一行能賺多少錢，我看是很難，當然如果說你技術學到手之後，要賺點飯吃還是有的。只是你要是說出來我是做茶葉的，自己感覺好像很好，實際上在社會上的地位並不高。

范 那您對於這一行有什麼建議？

陳 我的建議就是說，我個人的感覺啦，如果事業成就了，就可以做茶。第二個就是說，年紀大了自己喜歡也可以做茶。年輕人讀書出來拚搏，我覺得是不應該選擇茶這一行的。因為太累了，就算你讀的是茶，進入了茶界，你沒有真正去做，沒有五年、十年的摸索，你也只是知道皮毛，茶葉的奧妙是非常深的。

范 **您認爲怎麼樣才算是一個茶人？**

陳 我認為稱為茶人的話，不是衡量他賺了多少錢。第一個，他應該是愛好茶。第二個，他是已經真正的從事這個茶業了。第三個，應該是個境界，他自己要覺得做茶是個很開心的事。我認為能稱為茶人，是這樣一種概念。它應該包含著一種文化涵養在裡面，我覺得應該是這樣子。如果是從商業的角度去評判，那就感覺不對了，茶葉是一種文化的商品，還是要以文化為主，要靠它賺到發財起來，我覺得很難。

范 **您家裡有幾個小孩，您希望他做茶嗎？**

陳 我有兩男兩女四個小孩，兩個出來工作了，兩個還在讀書，小孩將來做什麼，看他們自己的意願吧。

范 **您認爲茶文化對人的生活的影響是什麼？**

陳 我做了一輩子的茶，我個人的看法是這樣，越懂茶的人，越走進茶業世界的人，越賺不到錢，他不敢騙人，一斤茶葉一百塊，他最多賣個一百二、一百三就了不起了。那不懂茶葉的人，他一百塊敢賣到三百，他就賺到錢了。所以我有兩個觀點，一種是因為喜歡茶而做，一種是想從茶裡面賺錢而做。以賺錢的角度講，據我的了解，懂茶的人，在整個茶業市場裡最多佔5%~10%，這些人再拉一些朋友，加一加最多20%的人懂茶，有80%的人都不懂茶。像我們這樣，賣茶只加一點點利潤、賺個勞力錢的，是賺不到錢的，那些能賺到錢的，就是他知道有80%的人不懂茶，所以他就敢賺。我的看法是這樣。

范 **那麼從事茶到現在，您覺得茶對您的生活有什麼影響？**

陳 茶對我是好東西啊，有時候我工作很累，就泡一壺茶來喝，很快就平衡過去了，這是一點。第二個對我自己來說呢，我這幾年做了很多其他的生意，最後我還是回來做茶，我這一輩子就是做茶了，因為我就已經進入到茶的境界中去了，就已經認定茶了。但是如果讓小孩去做茶，我感覺會很累，年輕人嘛，你不懂的話，你去做，做到最後一定沒有名氣，你想學懂，認認真真從頭學起，最少要五年功夫，才算剛剛入門，要精還是沒辦法的。

范 **在茶業方面對於未來你有什麼計劃？**

陳 我個人的計劃是這樣，我的廠現在在深圳已經很好了，我另外又買了二十畝地，在家鄉也買了六十畝地，全部都是做茶的，都是很專業在做的。但是想要做一個品牌，沒有廣告效應的話，品牌是很難做出來的，全憑商品的質量也是不行，全靠硬功夫也沒辦法和商業手法相比。所以說，如果要推產品出來，一定要從其他的副業去賺到錢，再去做廣告，去打這個茶葉的品牌出來。現在在整個的茶業界我看都還沒有什麼大品牌出來，像廈門外貿的這個已經是很大的品牌了，但現在一步一步在走下坡了，它就是廣告跟不上嘛。另一方面是外來的品牌進來了。所以現在茶葉市場，很多都是兩公婆啊、兩兄弟啊、兩姊妹啊，開個茶店，弄點毛茶在賣，那怎麼能鬥得過外來的品牌呢？

范 **請教您是哪一年生的？是什麼時候學做茶的？當時家裡人有沒有支持您？您將來有沒有想把事業擴展到全國或國外呢？**

陳 我是 1952 年生的。學做茶大概在 1972 年左右，家裡算是精神支持啦。原來是有些茶業界的朋友和我談做一點外貿，因為我一直是做內銷的，到現在還在談，我的想法是再過個三五年之後我再回來認真做，做茶業，我的感覺就是一定要認真做，不認真做是做不好的。

范 **謝謝，您今天講的都是非常實際的道理，非常謝謝您。**

沈彥均

海派茶館文化的推手

——談茶道的雅與趣

上海不是茶葉產區，雖然佘山曾經有過點綴性的茶園，但畢竟未為世人所記憶。上海也不是歷史文化名城，沒有千年的古蹟。如何在這樣的環境中營造出自己獨特的具有傳統的茶館文化氛圍，是上海茶人所關心的部分，也許，只有博採各地的特色，兼容並蓄，將傳統與創新並舉，經濟和文化共榮，東方與西方交匯，來構成上海茶文化的基調，成為所謂「海派」茶館文化的特色。

沈彥均先生說，做為一名茶館經營者，他不斷思考著如何為海派茶館做一點貢獻，他認為這是他義不容辭的責任。

沈先生1992年在上海青浦成立「飲品屋」，以與眾不同、獨樹一幟的經營方式開創茶藝界的一片天空。其茶藝館的開創性，是客人進入店內，點一道茶之後，茶食自取食用，自由食到飽，且沒有時間的設限，沈彥均為什麼會以這樣的方式來經營茶藝館呢？

沈先生說，中國人過去在過年的時候，家裡來了親戚客人時，都會泡杯茶，還拿出很多的小吃、水果，實際上，我就是從這裡聯想而來的。以前剛設立「飲品屋」的時候，規模小，東西沒有那麼多，大約是分乾果、水果兩類，而且是規定、設限的。現在都已經採取自助式的，有點心、滷味、水果等幾十種，還有煲類、豆腐乾等等食品。

沈彥均目前是上海雅趣茶道有限公司董事長。幾年前許四海先生曾經告訴我說，沈先生經營茶館很有特色，是第一家茶食任由客人隨意取吃的茶館。我記在心裡，但是一直沒有機會去拜訪。2003年上海第十屆國際茶文化節，沈先生在學術論壇中發表他的論文〈談雅說趣兼論茶館文化的品味與定位〉，我們在會場上碰面了，他邀我到雅趣茶道館去做客。因為我當時正受邀在上海市茶葉學會所主辦的高級茶藝師培訓班上課，所以隔了幾天，才由秘書長劉啟貴先生陪同到浦東的「雅趣茶道館」，訪問了沈先生。

*　*　*　*　*

范　請問在青浦那個店有多大？經營了多久？

沈　有100多平方米，開了兩年多，現在已經收起來了。

范　爲什麼收起來了呢？

沈　在開了一年多的時候，我又在松江浦昭路另外開了一家，因為同時經營兩家店，實在忙不過來，評估之下，覺得松江路的店比較有發展，所以過了半年後，就把青浦那家收了。

范　那麼您現在的「雅趣」又是怎麼來的呢？是什麼時候開始創立的？

沈　是在松江路的店開了兩年之後，我在上海市奉賢的悅華大酒店對過街開店，那時候取名為「雅居」，還不叫「雅趣」，稱為「雅趣」是1998年到了川沙之後，面積增加到了600多平米時，才稱「雅趣」，當時還不是有限公司。

范 您取名爲「雅趣」是在哪一年？

沈 是1998年到川沙之後就稱為「雅趣」了，到2000年就註冊為「雅趣茶道有限公司」。

范 您爲什麼會取名爲「雅趣」？

沈 我們從「飲品屋」的名字變為「雅趣」的名字，這是因為更貼近我們中國的文化，我們中國文化很重視「雅」，但是只是「雅」也不行，還要有「趣」，才會吸引人。

范 目前這家規模這麼大的「雅趣」，是什麼時候開始的？

沈 2001年5月開始的。

范 您從1992年到現在，十一年來，除了經營「雅趣」之外，還有經營別的行業嗎？

沈 沒有，我一直專心的從事茶藝文化的事業。

范 您爲什麼會選擇從事茶藝文化這個行業？在從事茶藝文化這個行業之前是否就接觸過茶業？

沈 對茶我本來就喜歡，但沒有接觸過這一行，是十一年前開始經營時才做這一行的。

范 **您從事茶藝行業之前，原本是做什麼的？**

沈 我在從事茶藝之前是搞經營管理的，因為我學的是經營管理，所以現在我的店是以電腦來管理的，我坐在這裡，從網路屏幕上就可以看到店裡有多少位子？坐了多少客人？包括客人點些什麼？消費多少？我都清清楚楚，我還可以遠距離管理，在任何時刻，就算我不在上海，我在廣州或北京，我只要打開電腦，就可以了解店裡的消費情況等等，還有我倉庫裡的物資也是用電腦管理的。

我從事茶文化，是因為茶是我們中國五千年文化中的重要部分，實際上，我們從事茶文化，是涉及到了我們中國文化的方方面面的，茶文化有非常多的邊緣文化，比如裝修店面的時候，就借鑒了中國古代的茶館，就成為了茶館文化，這是巧妙的結合。而我們的經營狀況之所以一直不錯，主要是因為我們不斷地在搞些活動，我們總經理一直在思考創意活動。現在的茶館開得那麼多，大都是大同小異的在經營，您也知道大陸很多東西都有抄來抄去的味道，我認為茶藝館不應該這樣，不應到處模仿，我們要有自己的方向，自己經營的方向，而我們的特色就是，經常舉辦和茶相關的文化活動，所以，我們的經營還算可以，在上海來講，我們的營業額是比較高的，平均每天的營業額都在三萬元人民幣以上，以我們一千平方米的店面，這樣的情況還是可以的。

范 您本來就是上海人嗎？可以介紹一下您的成長背景嗎？

沈 我本來就是上海人，小學、中學畢業以後，就在我們的鄉政府擔任文書的工作，大約做了兩年。我的學歷是念到高中，後來念到中專，從政府部門下來之後搞設計工作，曾在設計公司上班，設計工作是利用業餘時間學的，包括庭園設計，所以我的茶館都是自己設計的，設計中還包括了風水的安排。

范 您對茶館的未來發展看法如何？

沈 茶館的未來，在上海來說，我看至少要分這麼三部分：一是像台灣的泡沫紅茶店，是年輕人，比如中學生等等，他們可以在一起聚會的地方，價格在12~18塊左右，他們可以消費得起。第二部分是價格比較低的茶藝館，畢竟我們茶館也要為大眾服務。第三部分就是像我們這種的，價格比較高的，環境比較高雅的。我們上海這個城市和其他的城市可能有點不一樣，它是以金融、貿易為主的，所以很多人想找一個地方休息、談生意、談業務，很多人需要這樣一個地方，會會遠方的朋友也可以啊，所以，上海特別有這個需要，我覺得這一部分的發展特別有潛力，因此，我已經又在談一家店面，馬上就要簽約了，有2000平米，我是很看好茶藝館的發展的。

范 **您未來的計劃是怎樣的？**

沈 我的未來計劃啊，我看得是很遠的，我在上海有了幾個點之後，我想再往其他幾個大城市去發展。

范 **您經營茶藝館的心情如何呢？**

沈 我覺得經營茶藝館很好，第一，可以交到很多朋友。第二，茶這個東西是很奧妙的，我們搞的綠茶、紅茶、花茶、普洱這些東西，都是平常較難喝到的好茶，上海市民能夠喝到真正的好茶的非常地少，因為市場上賣真正的好茶的就很少。

范 **現在您這個店的營業額大約有多少？**

沈 我這個店大約一個月 80~90 萬，另外一個店少一點，別的地方的茶藝館是以休閒為主，客人待的時間比較久，我們上海不一樣，上海是金融中心，節奏比較快，搞金融的人生意上遇到比較麻煩的，他要找就近的、方便的地方談事情，如果還要開車一個鐘頭，那是不行的。

范 **您這裡的茶葉銷售類別以什麼為多？**

沈 我這裡中國的鐵觀音銷量非常的少，而台灣的茶葉在開始的時候，銷量非常的廣，非常的快，最多的是阿里山的茶，其次是凍頂，再來是梨山和杉林溪，但現在台灣茶葉的銷量降下來了，比以前差得多了。

范 **您認爲現在爲什麼會有減少的現象？**

沈 我認為是口味的問題，您看，不管是阿里山、凍頂、梨山、杉林溪，口味都一樣，現在我這裡賣得最好的台灣茶是什麼呢？是翠玉，因為它比較清淡，我這個店，一年可以賣到200斤以上。

范 **您這裡的客人平均消費額有多少？茶葉量多少？**

沈 我這裡一位客人一壺茶60元，茶葉量一壺給半壺的量，不規定幾克，看壺的大小，客人如果要濃一點，就給多一點，不硬性規定。

范 **您辦活動，大都是些什麼類型的活動？**

沈 我們的活動辦得很多，比如茶葉推廣品嚐會，茶道表演，親子茶藝表演等等，我認為茶文化的主要內容還是茶館文化。我們配合茶文化節，每個月都有活動，有曲藝、評彈等等，我們有專門的企劃人員。

范 **您現在店裡有多少員工？第一線的茶藝師（服務員）有多少？**

沈 我這裡有60幾位員工，第一線的有20幾位，分兩個班，我們的部門分工比較細。

范 **請您談談台灣茶的販賣情況？**

沈 台灣茶在前幾年真的很好賣，確實賺了不少的錢，當時，天福到上海來，就是我跟他聯繫的，他的乾茶很漂亮，我們剛接觸台灣茶的時候很新鮮，因為它有特別的口味。我們本身鐵觀音的口味，上海人比較不能接受，實際上所謂的觀音韻是主要的原因，還有一個原因是鐵觀音的香味比較沈厚吧。去年我主要銷的茶類，我有一個排行榜，每一年都有做一個排行榜，看看哪一類的茶銷得最好，哪一類的茶哪個季節銷得最好，我的電腦裡都有記錄，像去年（2002年），我的安吉白茶賣得非常好，我們上海人才剛開始接觸，反應就很好。而龍井茶則已經有點淡化了。前年，顧客對針形茶很感興趣，開始的時候是修水雲綠很好賣，可是今年就不行了。

范 **爲什麼龍井茶會比較淡化？是不是價格比較貴的問題？**

沈 不是貴的問題，其實安吉白茶還更貴。龍井茶因為假的太多，分不清，所以客人也不願意點了。我們進茶葉也是，好的茶葉很難買到，前幾年還好，假的茶葉比較少，現在特別難買，尤其是台灣茶葉，我到廣州去買，好幾種都沒有買到，我花了很長時間，要買到好的台灣茶葉真的很難。

范 **您所開設的茶藝館，在經營管理方面確實有獨特的地方，是我多年所期待的，茶館是古老的傳統行業，我們**

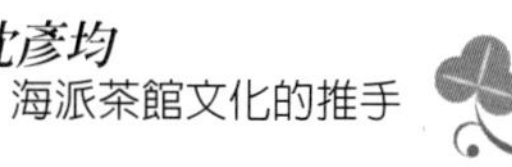

現在開茶藝館，是要將優美的傳統文化結合現代的企業管理方法，推出新的、符合現代社會的茶藝館，並不是一味的復古，所以我很欣賞您的經營方式。

沈 茶館主要的賣點不是創新的經營方式，革新管理理念才是最重要的，讓茶館走出一條新的經營方式是我們不斷追求的目標，我們的服務必須要做到客人來的時候，他們在想什麼，他們需要什麼，我們都要知道，並且盡可能的要讓客人得到滿意。我們推廣、發揚中國的優美文化，要知道實際的工作重點在哪裡？它的焦點又是什麼？這是非常重要的，光是在叫、光是在喊是沒有用的。

中國改革開放、政治穩定，經濟高度的成長，給了人很多的賺錢機會，什麼是該做的？什麼是不該做的？能夠搞清楚，能夠做自己喜歡做的，能夠真實的活著，這是一個人的幸福。

范 **今天謝謝沈董事長談了這些發人深省的話，也謝謝您把經營管理的新思維展現給大家，謝謝！**

史濤濤

北京國子監街留賢館館主

——談留賢茶藝館的籌建與經營

史濤濤女士是一個活潑靈動的女孩，也有才氣，雖然年紀還輕，但是已經從事過外商公司、電視製作、茶藝館經營等，也都做得不錯。她還喜歡收集古傢俱，一些民藝之類的擺飾等，自己也喜歡設計、佈置，把空間安置得雅致有序。

認識史濤濤女士是2003年的夏天在馬連道茶城，一位台灣媳婦開設的茶莊內，雖然彼此早有所聞，但都未曾見面，大約是2002年秋天的季節吧！就有朋友告訴我，雍和宮附近開設一家茶藝館並邀我去，一時也沒安排出時間，這次在茶城遇到主人，又當面受邀，即答應抽空造訪了。沒想到，原只是造訪參觀的，卻有相見恨晚的感覺，一聊就是半天，且不只一次，我們還遠到豐台區出遊會見茶友，彼此也就熟悉了起來。從交往中認識到史濤濤女士是有思想的茶人。2004年2月19日決定採訪她。

留賢茶藝館。地址：北京市東城區國子監街28號

電話：010-84048539

＊　＊　＊　＊　＊

范　**您當初爲什麼會選擇開辦茶藝館？到現在幾年了，有什麼感想？**

史　我過去從事電視工作，工作壓力大，無暇休息。總覺得生活狀態不佳，每次去茶館，總有回家的感覺。開茶館，就像是為自己找一個家。我2000年開始經營「留賢館」，到今年是第四年。茶館首先是我的生活方式，然後才是謀生方法。這是我的感想和要訣。

范 **開辦茶藝館有哪些需要準備的工作？有哪些比較困難的工作？**

史 在開茶藝館之前，我有兩年做知識準備，看書，品茶。因為工作關係，可以全國四處遊走，到產茶地訪茶。終於有一天打算動手開辦，最關鍵的問題是「地理位置」。有人說，開店最重要的是地理位置，第二、第三還是地理位置，以此強調地理位置的重要性，這只說對了一半，我認為，第一是「適合」，第二、第三還是適合，就是「一個適合的人在一個適合的地方辦一個風格適合自己的茶館」。有一些細節，不得不考慮，房租合理嗎？水電費按什麼標準？消費人群的特點，你的風格能被他們接受，甚至欣喜嗎？然後最重要的是人員培訓和管理。這是最困難的問題。解決的方法就是「不恥下問」。

范 **您開辦茶藝館以來，您覺得最大的收穫是什麼？**

史 四年來，我的最大收穫是：對生活有個全新的視角。「治大國若烹小鮮」，茶館和大企業的區別只是規模大小，管理的道理一樣。

范 **就您的觀察，來茶藝館的人是哪一方面的人較多？**

史 每個茶館都會有「同氣」的茶客。他們認同你創辦的茶館，如同他們是這個茶館的主人，視為自己的家，還會很有責任心的維護她。在留賢館裡，茶友們無法分類，但有

史濤濤
北京國子監街留賢館館主

一個共同的願望，就是想喝到好茶，想接受到好的服務。

范 **經營茶藝館所面對的問題是哪些？克服這些問題的方法是什麼？**

史 經營一個茶館，真正要費心的有兩件事：人員培訓——人是茶館服務的關鍵因素。如果找不到真正專業的培訓機構，就不得不自己下工夫，把服務業的「三綱五常」和「正確的茶葉知識」和你自己「獨創的茶藝」傳授給你的服務員；進貨渠道——在這個茶農茶商雲山霧罩的時代，還是要相信自己的嘴巴，相信茶客的反饋信息。如果有負責的人或機構幫你，也不失為一種偷懶的好方法。

范 **請您談談您的成長過程和經歷？**

史 我是江蘇宜興人，並無做紫砂壺的祖先。家藏的砂壺倒是有幾把，這並不足以培養對茶的興趣。上學時讀到「天子未嘗陽羨茶，百草不敢先發花」，我於是想，茶究竟有何等神力，讓天子如此渴求呢？後來1994年在一家台灣人開的公司工作，老闆在上班的第一天就鄭重其事的指著他桌上的一堆稀奇古怪的傢伙什兒，其中一個我認得，不就是我們家也有的紫砂茶壺嗎，他嚴肅地對我說，千萬千萬千萬別把這把壺打了，它值你一個月工資，而且現在買不到了。我每天洗這把壺的時候，就滴咕，誰做的壺，真那麼值錢？後來，我跟著他們喝「凍頂」，喝醉了，從此上癮了。後來我進電視台工作，凡是談工作，我就進茶館，凡是出差，我必訪茶山。我和茶結緣，和壺重續前緣。

范 **您認爲「茶人」的解釋是什麼？應該具備些什麼條件？**

史 茶人是一種生活方式。茶人要有胸懷，裝得下三川五岳，五洲四海，縱橫南北，穿越古今；有情懷，仰觀宇宙之大，俯察品類之盛，游目馳懷，放眼世界。

范 **您對茶藝的解釋如何？而茶道呢？**

史 藝是一種表現方式，沒有精神實質的藝，是無本之末，無根之草，膚淺、做作，名以載道，藝以載道。

范 **您平時的生活態度如何？**

史 讀萬卷書，行萬里路，品萬種茶。

范 **請談談您的人生觀。**

史 任何事常行於不得不行，止於不得不止，知足常樂，隨遇而安。

史濤濤
北京國子監街留賢館館主

陳錦源

廣州茶藝事業的第一代

——談拓荒的點滴心血

陳錦源先生，漢族，廣州人。

陳錦源先生是我在廣州認識較早的茶人朋友。海峽兩岸隔離了50多年，開放交流以後，我為了推動茶藝文化跑了很多地方，從台灣到大陸基本上都是從香港轉機，既勞民又傷財，非常不便，近20年來，往來兩岸不下數百次，因為廣州距離香港近，又是很早開放的城市，所以我經過廣州的次數也很多。但又由於廣州對茶文化的重視不高，我實際留在廣州的時間也不多，大多是為了轉機而到廣州的。

上海的一位很關心台胞的許佩琴女士，知道我為茶文化奔波各地，而且祖籍曾是廣東，於是推薦我認識在廣州也是很熱心幫助人的陳月英女士。為此，我到廣州時曾找到陳女士，1995年，陳女士介紹我認識了廣州茶葉公司，該公司正在開拓茶藝這一領域，於是，我們到了珠江畔的陸羽軒茶藝館，在那裡認識了陳錦源先生。至今前後也有十年了，在這段時間內，我每次到廣州基本上都會和陳錦源先生聯絡，談點茶文化的狀況。他平穩、淡泊的心緒，誠懇、務實的態度，是茶人很好的精神呈現。

2004年7月28日邀訪了陳錦源。

* * * * *

范 **您是廣州較早從事茶藝館業的人，請您回憶一下當時創業的情況。**

陳 80年代，茶藝館業在廣州正處於萌芽狀態。90年代初，廣州出現的茶藝館，計有開心茶室、茶藝樂園等，專門宣傳、展示茶藝文化，可欣賞、學習、交流茶藝，為顧客提供品飲購買的台式港式茶藝館。當時我所在的廣州茶葉公司在這個經營專案中還是一片空白，為了填補這項空白，1995 年，公司決定籌辦經營茶藝館。為開設茶藝館，我被公司委派到福州、杭州等地進行了參觀考察，並向公司提供了可行性報告；在籌備期間，我從培訓職工入手，自己動手做茶具，編寫茶藝教學資料，給職工上課，教授茶藝知識，不久「陸羽軒茶藝館」便誕生了，我也成為了茶藝館的負責人。我不斷向同行吸收經驗，交流學習，並利用節假日在店鋪門口表演茶藝，宣傳、展示泡茶的用具以及技法，推出了先品嚐後購買的營銷手法，受到了廣大消費者的好評。開業初便籌辦了「愛名城、識名城、茶藝——羊城人的生活藝術」短期茶文化展示活動。隨後，為了全面推廣茶藝知識，我開設了茶藝的初、中級課程，向社會招生，並在學校、企業開設茶藝課程，培養了一批茶藝人才，平時也積極參加各項茶文化交流活動。

茶藝館的經營方式改變了過去的單一貿易，大大豐富了我公司茶葉行業的經營手段。

范　這麼多年來您堅持發展茶藝事業而從不言放棄的原因和動力是什麼？

陳　我祖輩三代都從事茶葉經營，到我已是第四代了，我有與生俱來的茶緣，我從小在茶水中泡大，耳濡目染便和茶結下了不解之緣。茶裡乾坤大，茶中樂趣長，茶可清心，

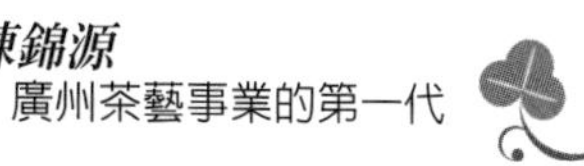

茶可會友，箇中三昧給了我無窮的樂趣和滿足，茶藝事業令我找到了人生的價值座標，也令我找到了精神的家園，其間雖遭遇逆境，但不足以影響我對茶藝事業的堅定抉擇，我選擇了茶，茶也選擇了我。本來難以分開，所以也就從來沒想過要放棄，發展茶藝事業也就成了我人生道路的一種必然。

范　**就您的經驗茶藝業需要改進加強的地方是什麼？**

陳　茶藝業的發展離不開人，建立廣大的高素質茶藝人員隊伍仍是當前茶藝業需要加強的重要內容。標榜著茶藝形象代言人的茶藝人員，其舉手投足、言談應對和專業素養的好壞與否直接影響著顧客對茶藝業的認知定位和發展，注重茶藝人員的系統學習和綜合素質的培養也就顯得更為迫切，茶藝人員應進行系統學習，通過考試並取得上崗證，才能正式成為專業茶藝人員。

教育制度化是茶藝業可持續發展的重要保證，應向教育部門提出，在各大專、中專院校開設茶藝課程，對專修學生進行年制教育，這對人才多元化的培養也是一種新的嘗試。另外，有必要在行業裡成立一個同行行業會，規範市場，形成行業共識，相互監督，在業內的經營過程中進行定期交流，促進行業良性競爭和健康發展。顧客對於有質疑的商品，可到同行行業會請求質鑒或進行投訴。同行行業會的存在無疑會對業內經營的不良行為起到一定的約束作用。

范　您不僅對茶藝事業有經驗，對茶葉也是行家，尤其是普洱茶，請您談談這些方面的心得和感想。

陳　普洱茶的收藏、品飲、營銷是當前行業的熱門話題。普洱茶選購問題是人們較為關心的。廣州人對陳年普洱茶的收藏、品飲在90年代中後期已初露端倪，近年來更是一發不可收拾，呈現持續高溫不退的跡象。要買到好的普洱茶一定要有豐富的專業知識和鑒賞經驗，對於剛開始收藏陳年普洱茶的朋友，最好買一些大廠（猛海、下關）品牌產品，較為保證，購買時要同質比價，同價比質。緊壓茶以乾淨為好，新茶不妨選一些壓得較緊、滋味濃厚的購買。購買年份稍長的普洱茶則需謹慎，對其包裝、年份、乾濕、形質、香型、滋味等應仔細判別，慎防購買一些年份短、價格貴、倉儲差的普洱茶。至於購買印級的普洱茶，最好請有經驗的行家幫忙，以免上當受騙。總之，不懂就不要輕易購買。多看、多品、多比較仍是購買的一個重要原則。

范　目前茶藝或茶業面臨最大問題是什麼？您認爲要如何面對和改善？

陳　茶藝面臨最大問題是人員專業素質問題。如上述所說，茶藝人員必須進行系統學習和綜合素質培養，通過考試並取得上崗證，才能正式成為專業茶藝人員。茶藝師持證工作的勞動管理制度要在主管部門的監督下逐步執行和完善。另外，盡可能吸引有志於茶藝事業的文人經營茶藝業，以使該行業茶藝人員得到質的提高，充分體現這種邊緣文化的特

點。

茶業是傳統行業，無計劃生產、管理問題、惡性競爭是面臨的最大問題。隨著經濟環境的好轉和發展速度的加快，國內茶業的不斷改革、重組，機制已經和以往不一樣了，湧現出大量的集團公司，合資、外資、獨資、三資公司紛紛出現，人的積極性得到了充分的發揮，瞬間發展得很快。剛開始，很多人都嚐到了甜頭，但不善經營、無計劃地生產和缺乏管理也令很多大型茶業企業倒閉，很多人分不到一杯羹，競爭在惡性中迴圈，以致很多企業舉步維艱。但不管怎樣，這個古老的茶行業不可能消亡，生意難做還是年年做，要及時總結經驗，引進現代的管理方法，進一步提高茶葉的質量，讓大家都用上綠色食品，喝上放心茶，有機茶，才可能解決當前的這些重大問題，才能重振茶葉出產大國的雄風。

范 **請談談您的成長過程、工作經歷和家庭狀況。**

陳 我的成長經歷有過太多的風風雨雨，我當過小五金學徒、木工、教師、農民、生產工人，到後來才繼承祖業，從事茶行，在市茶葉公司任職。我從工廠轉行做茶葉，就從售貨員做起，天天跟顧客打交道，每天都會學到一些書本上學不到的知識，接著又分配去搞業務工作，每天推銷業務，跑茶樓送貨，用人力車送貨上門。後來又學習企業管理，學習茶葉商店和茶藝館的經營管理。從零售到批發，從推銷到採購，從茶場到茶廠，從出口公司到茶葉研究所，從貧窮的茶農家中到茶葉商府上都記錄著我奮鬥的足跡，一步一個腳印，踏踏實實。在這幾年的下崗浪潮中，非常不幸我成為了其中的一員，而在我最困難的時候，茶友向我伸出了援助之手，使我安然度過了難關，現在一家私營的茶藝館工作。

在工作經歷中有兩件事一直令我難以忘懷，記得我在當小學教師時，在炎熱夏季的一個晚上，沒有風，我在昏暗的燈光下批改作業，悶熱的天氣加上長時間的伏案工作令我一陣昏厥倒在地下。醒來才知道是一個耳聾的校工巡夜，發現我昏倒在地便用冬瓜皮煮的茶水把我救醒。1975 年，我在偏遠的龍門顯堂山區務農，父親來看我時，把他親自用新鮮茉莉花製作而成的茶送給了我。平時，我捨不得喝，有一次隊裡的農民和生產隊長到我宿舍作客，大家暢談當天的生產情況，我將父親送給我的花茶泡給大家喝，生產隊長這才發現我對茶有認識。第二天就悄悄地帶我上山，去看他偷種的茶樹（當時種茶、飲茶是走資本主義道路，是不被允許的。），回來後又把他加工的綠茶偷偷的送了點給我。當時還是捨不得喝，只是偶爾放兩粒在口裡品嚐。回城時，生產隊長語重心長地對我講：「人要像茶樹一樣，在哪裡種就在哪裡生根發芽，開花結果。」這兩次經歷，深刻地影響了我的人生。我學會用感恩的心對人，用隨遇而安的心對待逆境。這也許是茶神對我的一份眷顧而給的啟示吧！

我妻子從事財務工作，女兒是在校學生，八十多歲的母

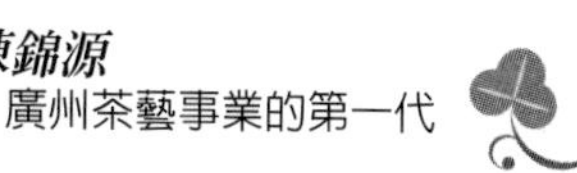

親和我們住在一起，一家四口，上下和睦，其樂融融。

范 **您認爲做爲一個茶人應該具備什麼條件？請您爲「茶人」下一個定義。**

陳 能把「和、敬、廉、美」的茶道精神落實到工作和生活當中的人就是茶人。或者說，以茶悟道的人就是茶人。茶人可以身在茶行業之中，也可在茶業之外。天天都在飲茶的人未必是茶人，擁有很多茶葉、茶具的人也未必是茶人，茶業工作者亦未必是茶人。茶人是愛茶的，茶人的精神是平和的，也是閒適的，茶人的內心是清淨的。

范 **您對目前的茶藝文化有什麼看法？**

陳 近年來茶藝文化在國內得到快速發展，逐漸得到了社會大眾的認識，機構日益完善，大城市也都具備了與國際交流的條件，要大力弘揚茶藝文化，是任重道遠的。應該透過茶藝文化的發展，來促進茶葉生產經營的新發展，茶葉生產經營得到了長足發展，才有雄厚的經濟基礎，才能反過來促進茶文化的發展和普及。要提倡公民教育，將茶藝文化與公民教育聯繫起來，改變人們的文化觀念，價值觀念，消費觀念。同時加強國際茶文化的交流和研討，定時定期，把這種交流從官方發展到民間。

范 **您平時如何享受茶藝生活？**

陳 茶藝是我生活的一部分，工作之便，日常都在茶藝館度過，每天都和來自各方的茶友品茗聊天，交流茶藝，樂此不疲。我的茶藝生活以自然、儉樸為主調，我主張尋常飲茶，無茶不飲。至於茶具方面，我崇尚簡約自然，天然去雕飾的茶具最能和茶融合在一起。空閒時，我喜歡往有泉水的地方去，在曲徑通幽的山谷裡，草香撲鼻、松濤入耳、滿目滴翠，清泉洗心，把盞品茗；思接千載，物我兩忘。「浮生半日閒，融入自然中」是人生的一大樂事。

范 **您對人生的看法如何？**

陳 人生如戲。人生就像演戲，一齣接一齣。我每次轉業就如同演戲，也是一齣接一齣，每演一齣戲都轉換一個角色。五金學徒、木工、教師、農民、生產工人，都是我曾經演過的角色。

人生如茶。

少年像綠茶，色清、味薄、質鮮嫩。

青年像青茶，色豔、味活、香氣高。

壯年像紅茶，色濃、香郁、味厚重。

老年像黑茶，色深、香逸、味醇和。

人生如夢。南柯夢裡，紫袍錦帶，妻嬌身貴栩如真。莊周舞蝶，彩蝶莊周，是莊是蝶？

韶華數十年，新顏舊貌！孩提往事，歷歷在目如昨，渺不可得，猶似夢中！

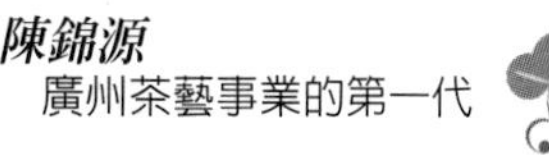

黃建璋

廣東最早推動茶藝者

——談喝茶是一種清福

黃建璋先生，漢族，福建安溪人。

黃先生是在廣東地區較早提出「茶藝」這個詞的茶人，他是在1993年5月從福建到廣州來從事茶事業的時候，在《廣州日報》首先提出茶藝這個名詞，並以廣告推銷的方式在媒體大力宣傳飲茶的技術和泡茶的技藝。黃建璋先生提出飲茶要「以鮮為貴、以人為本、以藝為精、以文抒情」，為使飲茶者更加合理的領悟茶，黃先生特意編寫了一本《茶藝初探》書冊，深受社會茶人的好評。也因此，開啟了廣東地區茶藝發展的歷程。

黃建璋先生是一位活動力很強的茶人，他以個人之力結合社會賢達和茶業界人士，在廣東省組建了茶文化機構「廣東省文化學會茶文化研究專業委員會」，並主編了《茶藝》雜誌。他所做的工作，其中的艱辛，我深有體會，對他的工作熱情和堅忍的意志力，也頗感敬佩。他在如此的環境內，如此的條件下，為推動茶文化的發展，能夠堅定不移的奮力工作，這也表現了茶人的特點。

大約是在1999年春夏之交的時候，我到廣州去，在一個小型的茶文化交流場合，認識了黃建璋先生。我對茶文化的推動一向是予以鼓勵與支持的，看到黃先生對茶文化工作的熱忱，不免大加讚賞。後來在2002年春，我接到黃先生的電話，他說：廣東省文化學會茶文化研究專業委員會已批准成立，希望聘我為顧問，徵求我的意見，我當即同意了。2004年初，我再次應邀到廣州和他見面並做深入的交談，也更加了解黃建璋先生。2004 年 7 月 28 日訪問了他。

*　　*　　*　　*　　*

范　您對廣東茶藝文化的推廣做了很大的貢獻，請您談談當初是如何開始的？

黃　我是 1993 年開始涉足「茶」這個行業。1994 年自編《茶藝初探》一書投入市場，得到不少茶人的讚許。當時這本書可算得上是廣州首本介紹茶文化的讀物。

真正踏入茶文化舞臺是 2000 年 11 月 16 日在廣東省文化學會成立八週年慶祝會上，大會組織者盛情邀我發言。於是，我就以魯迅說的一句話為題，即「會喝好茶是一種清福」在會上加以論述，引起了與會者的關注。會後，省文化學會的一位領導找我詳談，席間談到「廣東目前的茶文化事業狀況如何？」我答道：廣東已開始出現茶文化熱，但至今尚沒有一個相對應的茶文化研究機構。若有人去牽頭組織， 應該大有可為。

過了不久，省文化學會有關領導對我說，學會計畫設立一個茶文化研究專業委員會，並徵求我是否願在內任職。我當時說可以協調幾年，但時間不便太長。由此，我就開始投入籌備工作，先後得到省社科院副院長田豐、文化廳副廳長孫強、暨南大學黨委書記蔣述卓、中山大學校長助理王君以及華南農業大學的老師的支持和鼓勵。

2001 年 12 月 17 日正式取得省社科聯批復。2002 年 7 月 24 日得到省民政廳准許並正式登記註冊成立。首任會長由

省社科院副院長田豐擔任，秘書由我擔任。

為了使本會能擴大影響和便利工作的開展，我們先後聘請梁靈光老省長、張磊老院長、張宏達大師、江惠生書記等知名人士和專家擔任學會的名譽會長和顧問，還聘請了十幾位茶業界的老專家擔任技術顧問，另外吸收行業內一些較有影響力、熱心茶藝的茶葉企業成為委員，從而各方面工作能夠有條不紊地開展。

范 **廣東省文化學會茶文化研究專業委員會的宗旨、性質是怎樣的？請您介紹一下這個團體。**

黃 本學會的宗旨：遵守國家憲法、法律和法規，遵守社會道德風尚，堅持鄧小平有中國特色的社會主義理論和思想，以及江澤民「三個代表」的指導思想，團結和組織廣東從事茶文化科研理論工作者和社會上志同道合人士，共同為加強廣東茶文化事業建設服務。

范 **您創辦了《茶藝》雜誌，也請您介紹一下這份刊物。**

黃 《茶藝》屬省級內部刊物，在廣東境內是第三本合法茶刊（也是僅有的三本），它在2002年12月22日得到省新聞出版局批准註冊登記。2003年1月3日《茶藝》創刊號正式面世。它的法人代表是省文化學會會長李權時，文化學會內僅有這本內部刊物。

《茶藝》編委會主任由省社科院副院長田豐擔任。我則任副主任兼主編。《茶藝》的經營原則是「來自於社會、用之於社會。」其內容分為四大部分，二十幾個欄目，分別為：政史篇、文教篇、科技篇、飲茶篇。常設欄目有：文化講臺、文化通報、嶺南茶報、茶史春秋、茶人風采、茶藝文化、茶藝實踐、茶市動態、茶事資訊等等。《茶藝》為雙月刊，16大開，每期48頁，至今已連續出版了10期。

范 **您曾經指導華南農業大學滿堂香茶藝表演團，請您談談其經過和情形。**

黃 華南農業大學滿堂香茶藝表演團的起源是這樣的。當時華農有一批學生曾到我當時公司屬下的茶藝館實習，在實習過程中他們饒有興趣，遂要求將該茶藝館作為他們的實習基地。事隔不久，該校農學院學生會負責人提出邀請我參加他們在校內舉辦的大型茶藝文化節，並建議建立起長期合作關係。於是，我們雙方簽了合作協議：校方負責工作人員、場地和策劃等，我方負責提供材料和技術指導。

由此，經過該校領導批准於2000年5月21日在該校紅滿堂廣場成功地舉辦了「華南農業大學首屆茶藝文化節」。這次活動規模大，反應良好，得到華農大領導的高度評價，做到「學校滿意、學生高興、本人也滿意」。期間，我們雙方加強了合作關係，成立了「華南農業大學滿堂香茶藝表演團」這個機構。首任團長由該校農學院學生會會長溫則華擔任，該院茶學專業老師鄭永球擔任導師，我則擔任副導師。

該表演團分成三個表演隊，分別為：龍鳳茶藝隊、嶺南茶藝隊、潮式茶藝隊。表演參加過幾次大型活動，得到社會

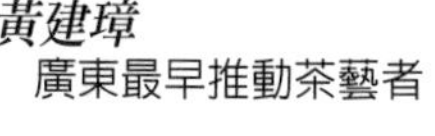

有識之士的好評。

由於，當時國內以這個茶藝表演團辦得尤為出色。該校次年就開始在全國招收本科生茶藝專業。省勞動就業保障廳授予茶藝職業職稱培訓鑒定所。這是廣東唯一的茶藝職能鑒定機構。

范 **請您談談廣東地區的茶文化現象。**

黄 廣東茶文化事業的發展整體來說是良性發展的，但水平不高，不及江浙、福建、臺灣等地。從表面上來看，廣東曾舉辦過幾次大型茶文化活動，但性質上都是以經濟活動為主，真正從開展學術方面份量較輕。同時，在廣東幾大茶文化社團組織內有茶葉專業知識的專家、學者屈指可數，而有專業知識，理論與實踐兼備的茶學專家卻沒有在有關組織中擔任主要職務。要指望一些以門外漢為主的組織搞出好的成果水平那是相當困難的。更值得一提的，這些組織機構內部不團結，互相拆台、打擊，有的甚至還直接攻擊個人的人權，損壞到個人的聲譽。這是廣東茶文化界最不好、也是最可悲的不良現象。

范 **請您談談您的成長過程和工作經歷、家庭狀況。**

黄 我出生於中國茶都福建安溪縣的一個農民家庭。父親從解放初期一直擔任生產隊隊長，一位伯父是福建省著名的茶葉專家，長期主管全省茶葉生產工作。我胞兄妹共有 7

人，6個兄弟，一個妹妹，是一個大家族。受此影響，我的子女亦多，最年長的在上大學，最小的在讀小學。

我的人生道路不平坦、波折多，也幹過多種職業，當過供銷員，開過店，辦過公司、承包過茶場，建過茶廠，期間既風光又有創傷，可謂一波三折、幾起幾落。

2002年我收拾心情，開始涉足茶文化領域，全心全意全職投入到工作中，專職廣東省文化學會茶文化研究專業委員會秘書長和《茶藝》雜誌主編外，還兼任華農大滿堂香茶藝表演團副導師。在此期間，我編著了《廣東茶文化經典》一書，還撰寫了相關的茶學、茶文化文章數十篇。曾負責操辦過幾次大型會議活動，其中有：「首屆廣東茶文化研究先進工作者表彰大會」，「廣東百佳茶業推薦活動」等活動，現又在策劃籌辦廣東茶文化研究所和張天福茶學研究中心等機構。

范 **您認爲作爲一個茶人應該具備什麼條件？請您爲「茶人」下一個定義。**

黃 「茶人」顧名思義就是茶與人的結合。凡從事茶業的產制銷的茶葉工作者，以及與茶相關產業的人士和愛茶之人都可以納入茶人的範疇。簡單地說，茶人應該是從事茶業的人、會喝茶的人、愛茶的人。茶人的精神必須是一個勇者，其必須對茶有悟性和感情，進而更多地表現在茶品與人品的連接上。

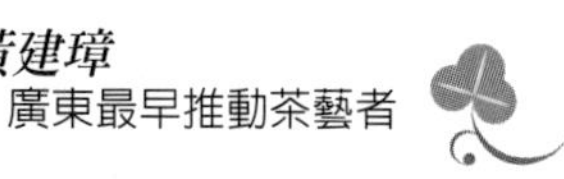

范 **您對目前的茶藝文化有什麼看法？**

黃 中國茶文化作為中華傳統文化重要組成部分，其根深蒂固、歷史悠久、內容豐富、成就蜚然。它是中華民族歷史文明的產物，也是中國百姓對世界的傑出文化貢獻之一。

范 **您平時如何享受茶藝生活？您對茶的感覺如何？**

黃 茶是我的生命，茶藝是我至愛的行業。至此，我仍然繼續的走我茶業人生之道，現在的我已經把茶視為自己「生命的最愛，力量的永遠」。

茶文化是我的職業病，也是我的生命精神依託，我一定會把它研究透徹。喝茶、品茶、研茶、論茶、評茶、看茶書、編《茶藝》，這些都已經成為我生活的一部分了，以喝茶為養生，與茶結緣，以茶會友，是我對茶的感覺。

我希望能為廣東省的茶葉事業盡到自己的一份力量，有一份熱，發一份光，這就是我在職的思想所在。我在茶業事業上始終感到有負擔、有責任、有緊迫感。因此，不論工作如何轉換，我總是不願意離開茶的範疇。目前，我主要擔任的工作是廣東省省情調查研究中心屬下的廣東茶文化與張天福茶學研究所常務副所長的職務。

莊晚芳

中國茶學泰斗

——談成長的歷程和茶文化的看法

莊晚芳先生，是中國茶學泰斗，模範茶人，他的一生宛如一杯清香的茶，犧牲自己，芬芳別人。是積極、熱誠的茶學教育家，傑出的學者，令人由衷的敬佩。

莊晚芳先生是福建省惠安縣人，1908年農曆8月20日生，畢業於南京中央大學農學院，在茶界服務將近60年，桃李天下，著作豐富，晚年時，浙江農業大學茶學系編輯出版了《莊晚芳茶學論文選集》，可從此了解莊先生的茶學思想。

我是1989年4月訪問杭州時認識莊先生的，第一次見面就談得非常投機，由於彼此都很關心茶文化的發展，使得我們有相見恨晚之感。此後，我每到杭州必想拜見莊老，能夠和莊老相談是最寶貴的收穫。

我國是茶的祖國，茶文化博大精深，如何讓優美的茶文化滋潤廣大人民的心田，是我積極想做的工作。自1983年開始在台灣採訪茶界有代表性的茶人，請他們談談成長過程、人生經歷，對茶文化、對人生的看法。在大陸第一位採訪的茶人就是莊晚芳先生。

1991年9月聯繫莊老約定前往杭州拜訪，由於莊老身體不適住院，請張玉富先生代為問候，莊老請兒子10月1、2日在家接待我，因在上海參加汪怡記茶館開幕活動緊湊，未能於10月1日到杭州，而未見到面。於是將我採訪的題目交代茶葉博物館的陳琿女士代為採訪記錄，於1991年10月13日完成。茲將採訪內容和莊老覆信刊佈如後：

增平仁弟：

知你日前在滬參加汪怡記茶莊茶藝館開幕，未如晤為念。

我是 1934 年冬去安徽祁門參加茶葉工作，知道農村的困苦，後又感到茶是國家珍寶，為人類健康幸福做出極大貢獻，為人生最值懷念的物質。

1945 年曾到台灣接收茶廠工作，後又承先賢之囑，抓茶學教育培養人才為要，因此，堅持到底。

茲奉上「橋」雜誌，內有文章寫我生平，請做參考。

你如到農大茶學系，可詢劉祖生先生。

台灣是祖國重要的省份，為茶文化極重要的傳播橋樑，應大家團結起來，為振興祖國茶文化而努力。

茶是純淨的，茶人之中有不少是冒牌貨，請你交友要注意，振鐸是我記憶最深的學生，你可與多接近。

因病住院，不能接待，請諒。茲囑小兒子莊至模向你請教，有何事可託他去做。

匆祝

節日安好

我很想去台灣，如有可能請來聘書如何？

莊曉芳手書 1991/10/1

*　*　*　*　*

請問莊老，您是在什麼情況下走入研究茶這一行的？

莊 我是1929年就讀於南京中央大學。由生物學轉入農學，1934年畢業後（當時20多歲）分配到安徽祁門的茶葉試驗場，主要從事茶樹育種，是當時全國經濟委員會農業處主任趙連芳要我去的，趙先生是我在中央大學時的老師，趙先生提倡振興茶業。

范 **莊老是現代中國的一代傑出茶人。請問您對中國茶業、茶文化的發展有什麼看法和建議？**

莊 茶文化是中華文化的一顆明珠。所謂文化是指人對事物的認識，經過文字化以後的一種知識總稱；也可以說是社會物質文明和精神文明二者互相作用的總稱，特別是對精神文明的意識型態所表現的象徵。

以茶文化而言是一種很古老的，是中華民族源遠流長的傳統文化之一，對世界文明和進步做出了特殊貢獻的文化。經過歷史考證，在母氏社會時代的婦女，上山爬到茶樹上邊採葉，邊口嚼，邊歌唱，在秀麗的山野上有說不出的喜愛心情。經過歷代的傳播演變，逐漸形成為有文字形式的史詩、歌曲、舞蹈以及各種典故神話等，如在二千多年前的《詩經》中的詩歌：「誰謂茶苦，其甘如飴」。本草記載：「神農嚐百草，日遇七十毒得茶而解之。」例子很多不及列舉。在江西、廣西、浙江、福建和西南幾個省目前還盛行茶歌、茶舞、茶戲和各種奇異的禮俗，邊品茶邊觀看令人心曠神怡。

到了一千多年前的唐代，茶不但作為主要的「貢品」、「禮品」，而且成為普遍人民日常生活中不可缺少的物品。

「柴、米、油、鹽、醬、醋、茶」、「以茶代酒」和「客來敬茶」已很普通，與人生關係極為密切。

再就政治經濟上來說，茶也起了很大的作用。茶做為當時經濟上主要財源之一，規定出「茶稅」、「茶專賣」、「茶榷」、「茶引」和「茶駁易」等法制，而且通過茶為文化交流、統一邊疆少數民族的一種手段，使中華民族團結一起，增進民族友誼。因此提高民族間的文化交流，為增進民族間的社會改善起了很大的作用。

到了唐代，公元8世紀時，經過陸羽的嘔心瀝血撰著了世界上第一部有文化水平的茶書——《茶經》，從而茶就形成為有系統、有理性的茶文化。總結前人的實踐及茶事，以及陸羽自己的見解，分為十大部分的《茶經》流傳世界，為人間文明做出特殊的貢獻。各國把茶葉當作最珍貴的藥物，隨著「絲綢之路」而有「茶葉之路」，由陸路傳到中歐各國，由海路傳到日本和西歐各國以及英美等。在當時各國之間語言雖不通，但經過品茶交誼，能使彼此心聲相照，促進了和睦、友誼。由於飲茶的擴展，茶生產也隨之擴大。零星不完備的茶文化隨著歷史的進展而逐漸完善起來。

自唐代以後茶文化日趨繁榮，就各地盛行的茶藝館（茶社、茶樓、茶寮、茶室）來說，就是一種有文化結構的精神市場，同時是物質交易的集中場所。在茶館裡的各種文化活動，能把我們的情感、興致、美境和經濟融合在一起。由於茶文化的興旺，茶的詩詞、文學、小說、文藝、戲劇和茶的

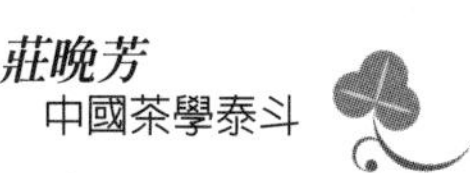

書籍、器具也隨之逐步興盛起來。到了 18 ～ 19 世紀，我國成為半封建半殖民地，茶文化也逐漸趨向衰敗，到了解放前的幾十年茶文化毫無生機。幸在中國共產黨領導取得解放，新中國成立後，茶文化才逐漸恢復起來。茶文化內涵很廣，我們只注重於生產科技方面，而對文學、藝術、歷史、考古、政治經濟學、社會學以及和茶密切相關的茶藝、陶瓷方面均著力不夠，還要進一步擴大範圍、深入研究。

范 **莊老曾到過台灣指導茶業的發展工作，是否請莊老談談到台灣的經過情形，是哪一年去的？什麼情況下去的？哪一年離開台灣？對台灣茶業的印象如何？**

莊 1945 年 10 月，日本投降後，台灣光復，應趙連芳老師之邀去台灣，協助接收日本人經辦的茶廠和一些有關農業企業機構，主要是幫忙接收三井、三菱茶葉公司，這些公司是日本人辦的。另外，水產、農業也都接收，是做為特派專員去台灣的。在台灣還開辦了福建農林公司台灣分公司。

在台灣待了一年多後，因 1947 年 228 事件爆發而離開，回到福建農林公司。農林公司台灣分公司因此另聘了吳振鐸去，吳振鐸是我在安徽祁門時的學生。

在台灣的茶廠和有關農業企業機構是日本人辦的，他們在台灣 50 年的茶葉資料為我增進了不少茶知識，非常可貴。

范 **請莊老談談您的成長過程和工作經歷。**

莊 我的祖籍是河南固始人，出生在福建惠安，現年84歲。1934年到祁門，當時吳覺農先生當場長。1937年七七事變離開祁門到南京農學院，為金善寶老師當助教，專教茶葉，半年後，上海戰役，從浙江回到福建，到福安茶葉改良場，先教書，半年後，當福建茶葉管理局副局長，1939年到崇安創辦大茶園示範茶廠，是中央和地方合辦的。1941年至42年被邵秉文、吳覺農二老邀至浙江聚州萬川，協辦東南茶葉改良場，認識了一批從重慶調來的大學生，增強了研究力量，主辦《萬川通訊》旬刊，提供新茶人學習參考。1942年至1943年去重慶中國茶葉公司任研究課課長，制定了一些茶葉銷售的辦法；另外，協助安化辦磚茶廠，這個時間也到西北去調查茶市、飲茶習俗，寫了一本《西北紀行》。1943年末，又回到福建擔任農林公司茶葉部經理，1945年公司改為公私合營被任命為總經理。當年10月被趙連芳老師聘去台灣。1947年從台灣回到福建後，曾在香港、新加坡、馬來西亞等地設福建農林公司辦事處。1948年、1949年回國參加革命工作。

1949年在復旦大學教授茶葉，1952、1953年在武昌華中農學院教茶葉，1954年到浙江農業大學前身——浙江農學院教茶葉。在生病前作了這樣一首詩：「茶，我很愛您，我很想念您，您為什麼有這樣的魅力，您能給世界人民帶來許多健康和幸福」。

茶是純潔的，能助人為樂，吃苦耐勞，很聽話，可以讓

它成為綠茶、紅茶、白茶、黑茶、黃茶、烏龍茶。是精神文明的重要象徵。像日本茶道，韓國茶禮，體現禮貌，提倡品德、道德，象徵勤儉節約。

范 **請莊老介紹一下家庭狀況和平時的休閒生活。**

莊 我家庭原有九口人。孩子三男四女，一女和妻子已去世。平時在家裡大部分時間是看書，古書、歷史、地理、小說都看；也愛喝茶，基本上是喝烏龍茶，因綠茶對胃不太好，紅茶的作用太輕。早上起來，空肚子就喝茶，睡前也要喝，一天要換泡三次茶葉，有時不能喝太多的茶，就喜歡抓點茶葉來聞聞；以前也曾種點花，現在老了，不行了！

范 **莊老著作很多，是否請您介紹一下？**

莊 新中國成立才有可能把自己累積的學識，專心撰寫一些茶學著作，多年來除一些教材外，自己著寫的有《中國的茶葉》、《西北紀行》、《製茶學》、《茶作學》、《茶樹生物學》和《中國茶史散論》等。與其他茶人合寫的有《茶樹生理》、《飲茶漫話》、《中國名茶》、《茶樹栽培》、《茶樹育種學》和《茶葉》等，以及一些科普小冊。曾主編一些茶葉刊物，如《中國茶訊》（上海）、《茶葉導報》、《茶葉》、《茶葉科學》、《中國茶葉》、福建《茶報》等。此外，50 多年來共發表論文有 100 多篇，在教學工作之餘，盡可能為一些國營茶場或試驗場做些規劃工作，並到有關茶區講學、培訓人才。

1957 年協助程照軒、蔣芸生倡辦「中國茶葉研究所」，1978 年幫浙江省供銷合作社開辦「杭州商業部茶葉加工研究所」，增強茶學研究的力量，為復興茶文化創辦條件。1982 年為了加強茶文化的社會改善，極力建議茶葉公司協助辦「茶人之家」，先後在杭州和廈門兩地創辦起來。

回憶 50 多年來受黨和人民的培養，對茶學科研和教學工作雖盡了一些力量，但並無多大的奉獻。「活到老、學到老、做到老」，對弘揚茶文化，恢復祖國的光榮歷史，還要盡力而為之。

范 **請問莊老對海峽兩岸茶文化的發展有什麼建議和希望？**

莊 台灣茶人和大陸是同源。台灣茶是福建傳過去的。台灣吃茶很普遍，也做起台灣茶藝，這樣很好，要互相交流，他們的研究方法也值得借鑒。台灣人很羨慕大陸的名茶，我們應該把名茶傳過去，透過茶使海峽兩岸的情義結合起來，達到統一。大陸與台灣的茶葉交流比中國和日本茶文化交流更重要。

范 **請問莊老，中國茶文化的發展方向，應朝哪一方面來推進？有哪些需要注意的關鍵問題？**

莊 茶文化是精神文明的規範，是做人的規範。提倡禮貌，以儀行德。茶葉是祖國的珍寶，世界的茶葉是由中國傳出去的。今後應注重研究茶文化怎麼發展的具體內容，道、

佛等宗教都值得研究，茶葉的自然科學精神文明部分也不能忽視。

范 **那麼，對於茶文化的發展，目前的重要課題有哪些？中國茶文化的具體內涵和精神是否請莊老談談？**

莊 重要課題：茶樹原產地問題，有大茶樹不等於就是原產地。

范 **莊老數十年來從事茶學教育和研究工作，請莊老談談有哪些甘苦事？一生中感到最高興的事是什麼？感到不滿意的事又是什麼？或者說有哪些印象最深刻，最難忘的事？**

莊 現在搞茶葉的人，學生很多。但實事求是的研究者少，這些都是要檢討的地方。搞茶要求真、求美。現在許多應該做的事都沒有做。如：加工、包裝等，都不如人家，不要說是日本，連港台都不如。研究課題亂下結論，不做紮實的考證工作。

茶藝表演，不懂衛生，杯子怎麼擦，茶葉怎麼倒，都應講究，還有，敬客也有講究，可是，許多人根本不懂。另外，博物館要廣泛收集茶文化的資料、文物。

感受最深刻的是，茶葉雖然是一種植物，但是，它是我們做人值得學習的模範，它的吃苦耐勞精神，助人為樂的品德，抵抗環境污染的品格，它純靜、美好……等等，都給我留下深刻的印象。

國家圖書館出版品預行編目資料

中華茶人採訪錄：大陸卷 ／范增平著. -- 初版. --
臺北市：萬卷樓, 2005 - [民 94 -]
冊； 公分
ISBN 957 - 739 - 515 - 5 (第 1 冊：平裝)
1. 茶業 2.茶 - 文化 3.茶道

481.6 93023252

中華茶人採訪錄：大陸卷[一]

著　　者：范增平
發 行 人：許素真
出 版 者：萬卷樓圖書股份有限公司
臺北市羅斯福路二段 41 號 6 樓之 3
電話(02)23216565．23952992
傳真(02)23944113
劃撥帳號 15624015
出版登記證：新聞局局版臺業字第 5655 號
網　　址：http://www.wanjuan.com.tw
E－mail ：wanjuan@tpts5.seed.net.tw
承印廠商 ：晟齊實業有限公司
定　　價 ：300 元
出版日期 ：2005 年 1 月初版

ISBN 957 - 739 - 515 - 5